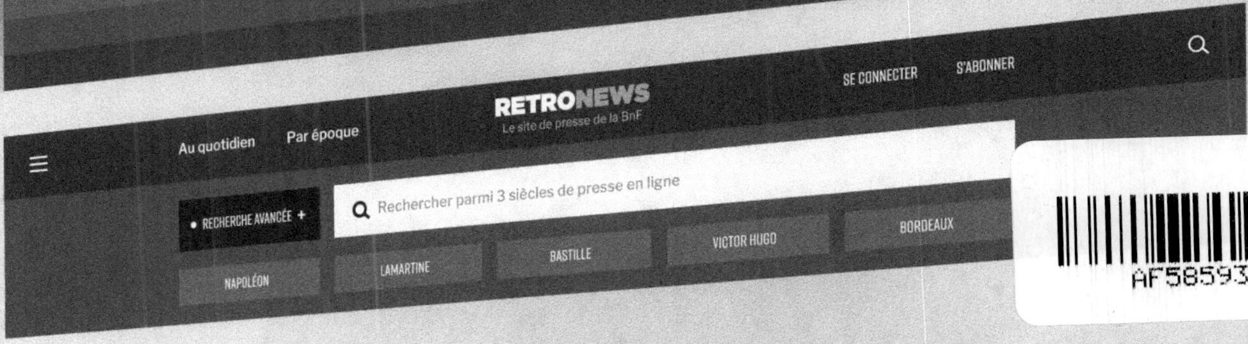

faite et les considérations précédentes nous autorisent maintenant à employer.

Voici comment désormais les pièces de l'armure seront désignées :

Le gorgeret s'appellera.	*Sternite.*
L'écaille anale	*Tergite* ou *notite.*
L'écaille latérale	*Episternite.*
Son appendice formant la valve du fourreau. .	*Sterno-rhabdite.*
La petite pièce *c* qui n'avait pas reçu de nom.	*Epimérite.*
Son appendice ou le stylet	*Tergo-rhabdite.*

Ce qui n'empêchera pas, quand l'une de ces pièces présentera une forme caractéristique, de lui donner un nom qui rappelle cette forme. Ainsi, par exemple, les noto-rhabdites des Tenthrédines peuvent, dans le langage ordinaire, porter le nom de scies, car leur ressemblance avec ces instruments est extrême.

Revenons à l'oviscapte de la Locustaire qui nous a servi d'exemple. Il est important de l'étudier plus en détail. Ce que nous en avons dit n'ayant eu pour but que de faire sentir son analogie avec les aiguillons, nous reviendrons aussi sur cette comparaison, qui est loin d'être complète et suffisante.

Comment sont unies entre elles les différentes pièces que nous avons reconnues dans l'oviscapte ? Ici se présente une distinction à faire. En effet, ces pièces sont unies à leur base, par des ligaments, des muscles, des membranes, en un mot par des parties molles : elles sont véritablement articulées. Mais dans la partie saillante, à leur extrémité, elles sont unies, sans le secours des parties molles dont elles sont fort éloignées. Peut-on sans confusion donner le nom d'articulation à ces deux modes d'union ? Je ne le pense pas. Pour éviter toute erreur, le nom d'*articulation* sera conservé pour le cas où les parties molles entreront dans l'union des pièces. Quand, au contraire, l'union sera produite par une sorte d'engrenage, comme il va être dit, le mot d'*assemblage* sera employé, en lui donnant le sens qu'il a dans l'art de la menuiserie (1).

(1) Réaumur avait déjà senti cette différence, car il avait nommé le sternite de l'armure de la Cigale, *pièce d'assemblage*.

L'articulation du sternite et de l'épisternite est complexe, elle est double. Les pièces et apophyses qui concourent à la produire ont été indiquées ; nous ne reviendrons pas sur leur compte. Elle est évidemment très solide ; mais, par opposition, les mouvements dont elle jouit sont très limités.

Dans la portion libre de l'oviscapte nous rencontrons des assemblages très solides, qui unissent très intimement ses éléments. Le sternite est, avons-nous dit, bifide jusqu'à sa base, en sorte qu'il existe en apparence six éléments. Quelques auteurs, ne poussant pas leurs recherches assez loin, sont tombés dans cette erreur ; toujours est-il que ces six éléments s'unissent trois par trois pour former deux valves : l'épisternite et le tergo-rhabdite occupent le côté externe. Ils sont maintenus en rapport par un assemblage longitudinal très fort ; l'une des divisions du sternite se place en dedans ; elle leur est unie par un assemblage également longitudinal. Le bord supérieur (1) du noto-rhabdite se creuse de mortaises, où viennent se loger les bourrelets du bord inférieur du sternite et de l'épisternite. L'entrée de la mortaise est plus petite que sa cavité, et le bourrelet est comme étranglé à sa base, en sorte que ce mode d'assemblage permet des mouvements dans le sens de la largeur, et les rend impossibles dans toute autre direction. Aussi ne peut-on séparer ces trois pièces si l'on n'agit sur elles parallèlement à leur direction : cet assemblage pourrait véritablement se nommer *assemblage en coulisse*.

Occupons-nous des rapports de l'oviscapte, cherchons en quel point et comment s'ouvrent l'oviducte, le rectum, enfin quelle est la composition générale de l'abdomen. A la base de l'oviscapte on trouve (2) un sternite à bord postérieur libre et développé, qui est nommé *plaque sous-anale* par les entomologistes classificateurs : c'est le sternite de l'hogdo-urite. En admettant que le proto-notite s'unît intimement au méta-notite du thorax (j'aurai occasion de démontrer cette opinion), l'urite suivant, ou neuvième, forme l'oviscapte ; c'est entre ces deux urites que s'ouvre

(1) Pl. X, fig. 6, 6'.
(2) Pl. X, fig. 1, 8', fig. 3, 8'.

l'oviducte. On rencontre, en effet, son orifice à la face supérieure de l'hogdo-sternite ou plaque sous-anale. Comme cette plaque s'avance sur la base de l'oviscapte, on a dit que l'oviducte venait s'ouvrir entre les pièces qui le constituent : cela est faux. Il suffit d'un examen attentif pour voir qu'il n'en est pas ainsi. Après l'ennato-urite, on rencontre les pièces terminales qui entourent l'anus (1) ; elles forment évidemment deux anneaux. Le premier, ou décato-urite, n'est représenté que par le tergite ; le sternite ne se développe pas. L'endécato-urite se compose de cinq pièces : deux en forme de filaments sont latérales, et viennent s'articuler avec le bord postérieur du décato-notite, qui présente deux sortes d'échancrures articulaires à cet effet ; les autres, triangulaires, entourent l'anus de trois valvules qui, par leur réunion, forment une sorte de corps pyramidal. Il doit paraître maintenant évident que le nom de *plaque sous-anale* donné à l'hogdo-sternite est impropre ; car ce sternite est sous-valvaire, et en outre il est éloigné de l'anus par les ennat-décat-endécato-urites. Il serait mieux de l'appeler plaque *sous-génitale* ou *prégénitale*.

En résumé, l'abdomen du Dectique se compose de onze urites. Le proto-urite n'a pas de proto-sternite (2), l'endécato-urite est multiple, et forme comme une couronne de cinq éléments autour de l'anus ; le décato-urite, qui sépare celui-ci du zoonite de l'armure, n'a pas de sternite ; entre l'hogdo-urite et l'ennato-urite s'ouvre l'appareil de la génération. Tel est le type qui va nous servir de terme de comparaison. Occupons-nous d'abord des armures génitales, nous reprendrons ensuite l'abdomen dans son ensemble.

§ II.

En étudiant avec soin l'armure femelle des Hyménoptères, il a été facile de montrer que, dans tout cet ordre, un plan unique présidait à la composition des organes térébrants, piquants, et

(1) Pl. X, fig. 1, fig. 3, 11', 10', *p*.

(2) Dans le *Locusta viridissima*, j'ai retrouvé le proto-sternite.

autres très différents en apparence ; que la forme, le nombre, les rapports des parties composantes étaient identiques, et que ces différences ne portaient que sur des changements de volume. Nous allons dans les Orthoptères rencontrer des variations plus grandes. Elles tiennent à des soudures, à des avortements ou à des divisions de pièces fondamentales ; aussi serons-nous obligé de reconnaître un certain nombre de types principaux autour desquels viendront se grouper ces formes secondaires.

Notre examen portera sur les *Mantides*, les ***Phasmides***, les *Blattaires*, les *Acridiens*, les *Grillioniens* et les ***Forficulaires.*** C'est dans cet ordre, qui est loin d'être celui suivant lequel on classe naturellement ces familles, que nous les examinerons,

Mantides. — Dans cette famille, on trouve caché par la plaque sous-génitale un appareil assez volumineux, non pas allongé, courbé en bas, crochu, bosselé, peu résistant, qui est l'armure (1). Elle semble, au premier abord, unie à deux tergites ; c'est une fausse apparence que nous retrouverons dans les Blattaires et les Grillioniens. Nous reviendrons sur ce fait à propos de l'abdomen en général. Admettons pour le moment que le plus postérieur de ces deux notites est seul uni à l'armure. En cherchant à disjoindre les éléments qui la composent, on arrive facilement à retrouver les deux tergo-rhabdites, unis au tergite par l'intermédiaire d'une pièce peu développée, presque triangulaire, et qui évidemment est l'épimérite (2). Les rapports, la forme générale même, rappellent tout à fait les mêmes parties du Dectique, avec des différences dans l'ossification et dans la longueur. Il y a dans le *Mantis tessellata* (3), en avant de la base du noto-rhabdite, une pièce qui pourrait peut-être embarrasser ; mais si l'on remarque qu'elle n'existe pas dans le *Mantis religiosa*, où l'épimérite et le noto-rhabdite sont identiques avec ceux du *tessellata*, on s'expliquera sa présence par le dédoublement de l'extrémité antérieure des noto-rhabdites. Au-dessus de ce tergo-rhabdite, et jointe à son bord supérieur convexe, on trouve une

(1) Pl. X, fig. 8.
(2) Pl. X, fig. 10 *e*.
(3) Pl. X, fig. 8-10 *o*.

pièce (1) de même forme, de même consistance, qui est l'épisternite ; elle n'est un peu résistante qu'à son extrémité adhérente ou antérieure. En ce point aussi elle offre une particularité (2) : un arc de cercle osseux, présentant vers son milieu une dilatation, s'étend du bord inférieur de l'une au bord inférieur de l'autre. C'est une différence notable avec ce que nous avons vu dans les Locustaires ; mais cette différence ne peut nous induire en erreur sur la nature de l'épisternite : elle nous servira au contraire à expliquer des différences plus grandes encore. Les assemblages entre l'épisternite et le tergo-rhabdite sont très peu solides ; aussi sépare-t-on ces deux pièces avec grande facilité. Entre les deux épisternites, on rencontre (3) le sternite réduit à sa plus simple expression : il est très petit, ossifié en partie, en partie membraneux ; il présente sur son dos, vers son extrémité antérieure, deux apophyses (4) assez résistantes, qui servent à son articulation avec les épisternites ; il se termine en arrière par deux appendices libres et lamelliformes, qui rappellent, mais en raccourci, le sternite des Locustaires. La position, les rapports, la forme même, ne permettent aucun doute sur la nature de cette pièce ; mais on voit combien par ses articulations avec les épisternites, par sa forme résultant de son peu de volume et de son peu d'ossification, combien elle diffère des sternites des Locustaires. En somme, nous trouvons dans les *Mantis tessellata* et *religiosa* les mêmes pièces, les mêmes dispositions que dans les Sauterelles ; aux dimensions, aux courbures et aux différences près que nous avons signalées, dans le *Mantis precaria* les choses sont semblables.

Phasmides. — J'ai choisi pour exemple l'*Acrophylla chronus.* Sa plaque sous-génitale (5), très développée, n'est plus comme dans les Mantilides, bien qu'elle enferme complétement l'armure génitale. Dans la Mante, la courbure en bas de l'armure entraînait après elle une courbure analogue de la plaque *sous-géni-*

(1) Pl. X, fig. 8-9 *a a'*.
(2) Pl. X, fig. 9 *a'*.
(3) Pl. X, fig. 11, 11'; fig. 8 *f*.
(4) Pl. X, fig. 11, 11' *k*.
(5) Pl. X, fig. 12.

tale ; dans l'*Acrophylla*, au contraire, l'armure se relève vers l'anus, et la plaque sous-génitale suit cette direction. Dans la Mante, on aperçoit l'extrémité de l'armure; ici l'armure est complétement cachée par l'énorme développement que prend la plaque sous-génitale ; elle représente une portion considérable d'un ovoïde, et peut loger un œuf dans sa concavité. Au-dessus de cette plaque bombée, on compte plusieurs tergites : l'un d'eux supporte l'armure génitale ; après lui viennent les pièces terminales de l'abdomen, qui affectent la forme de longues et larges folioles. Il en sera question plus loin.

Le tergite de l'armure sexuelle (1) se reconnaît très facilement : il suffit de l'opposer aux mêmes pièces de la Locuste et de la Mante, pour n'avoir aucun doute. A l'angle que forment son bord latéral et son bord antérieur, est soudé l'épimérite (2), de forme triangulaire, très caractérisé et très reconnaissable. Cette pièce s'articule (3) avec le tergo-rhabdite en avant, avec l'épisternite en arrière. L'épimérite est ossifié et plus résistant que les autres parties; il n'en est pas de même du tergo-rhabdite, qui devient de plus en plus mou et flexible, à mesure que l'on s'éloigne de son point d'articulation. Ce tergo-rhabdite rappelle tout à fait, par sa forme, la pièce analogue de la Locuste, bien différente en cela des tergo-rhabdite de la Mante.

L'épisternite est très développé ; sa base est large, relativement à la longueur des appendices qu'il porte (4) ; son bord postérieur présente en effet deux appendices, l'un supérieur, l'autre inférieur. Ici se présente cette difficulté qui consiste à ne pouvoir reconnaître si cette pièce correspond uniquement à l'épisternite, ou bien si l'épisternite et le sterno-rhabdite se soudent et se confondent pour la former. J'admettrai volontiers cette dernière hypothèse : toujours est-il que l'appendice inférieur, courbé en forme de sabre, rappelle assez bien la même pièce des Locus-

(1) Pl. X, fig. 13, 15, 9*t*, *b*.
(2) Pl. X, fig. 13-15 *c*.
(3) Pl. X, fig. 13-15 *i*.
(4) Pl. X, fig. 13-14 *a a'*

taires, mais en petit. Il présente un assemblage très incomplet avec le bord supérieur du tergo-rhabdite.

L'appendice supérieur obtus, peu allongé, semble, au premier abord, articulé avec la base de la pièce : c'est une fausse apparence ; il fait corps avec elle, et s'unit, par des membranes, aux bords inférieurs du tergite. L'extrémité antérieure de l'épisternite est coupée obliquement ; elle présente à la base de l'apophyse supérieure une échancrure où vient s'attacher l'angle postérieur de l'épimérite.

Le sternite paraît manquer, et ce n'est qu'après beaucoup de recherches que je suis parvenu à trouver quelque chose qui peut rappeler son existence. Vers la base de l'appendice inférieur de l'épisternite, appendice que je regarde comme étant le sterno-rhabdite, on voit un repli (1) membraneux non résistant, sans ossification, qui s'étend d'un épisternite à l'autre ; il semble bilobé, et son limbe postérieur est libre : on peut le considérer comme un rudiment de sternite, sans forme particulière. Mais un simple repli membraneux peut-il être considéré comme le représentant d'une pièce aussi importante que le sternum, sternum qui n'avorte en général que lorsque les pièces latérales ont elles-mêmes disparu? Pour répondre à ce doute, il suffit de se rappeler que, dans les Orthoptères, l'ossification des sclérodermites est le plus souvent nulle, les plis de la peau indiquent fréquemment seuls les zoonites : pourquoi n'en serait-il pas de même pour un sternite, resté exceptionnellement à l'état rudimentaire, pendant que les pièces latérales prennent un grand développement?

Dans l'*Empusa gongylodes* (2), le *Phyllium siccifolium* (3), l'*Acrophylla titanus* (4) de Serville, *Cyphocrania titanus* de Brullé, et quelques *Phasma*, la disposition des parties est absolument la même. Dans le *Cyphocrania titanus*, les bases ou extrémités antérieures des tergo-rhabdites sont unies entre elles par une

(1) Pl. X, fig. 13-15 *f*.

(2) Audinet-Serville, *Suites à Buffon*, p. 141.

(3) *Ibid.*, p. 289.

(4) *Ibid.*, p. 231.

membrane, et l'on ne rencontre pas trace de ce rudiment de sternite que je notais dans l'*Acrophylla chronus*.

Voilà des exemples assez différents du *Decticus;* mais, à l'aide du type intermédiaire fourni par la Mante, il est facile de faire un rapprochement qui n'a plus rien de choquant. En effet, il suffit de supposer un avortement de ce petit corps qui représentait le sternite pour passer d'une armure à l'autre.

Blattaires. — Les pièces qui composent l'armure génitale des Blattaires sont les mêmes que celles que nous avons déjà trouvées dans les trois familles précédentes; mais elles offrent des modifications plus considérables. Entre les lobes de la plaque sous-génitale (1), on trouve un appareil complexe en connexion avec deux tergites, comme dans les Mantides. Il est facile de reconnaître que le postérieur fait seul parti de l'armure. Il supporte l'épimérite (2) et le tergo-rhabdite; ces deux pièces sont très semblables à celles que nous avons déjà étudiées; l'ossification, se faisant d'une manière irrégulière, donne à ces parties des formes bizarres et irrégulières. Ce tergo-rhabdite est obtus, mousse, peu résistant à son extrémité. Il est curieux de voir que toujours c'est la partie tergale du zoonite qui se modifie le moins profondément; aussi arrive-t-on, dans tous les cas, à la reconnaître avec facilité. Il n'en est pas de même des parties sternales : ainsi, après avoir écarté les tergo-rhabdites, on trouve un corps médian (3) très dur, résistant, fortement ossifié, qui présente des appendices multiples à son extrémité postérieure. C'est l'épisternite et le sternite réunis. L'épisternite (4) forme un véritable anneau au centre duquel se place le sternite; si l'on enlève celui-ci, on remarque (5) qu'il ressemble beaucoup à celui de la Mante, bifide à son extrémité postérieure, en partie ossifié, en partie membraneux; on trouve vers son extrémité antérieure, sur le côté dorsal, une éminence cornée qui sert à son articulation avec l'épisternite.

(1) Pl. XI, fig. 1.
(2) Pl. XI, fig. 2-3 *c, i*.
(3) Pl. XI, fig. 2 *aa', b*.
(4) Pl. XI, fig. 4 *aa'*.
(5) Pl. XI, fig. 5-5' *f-k*.

Relativement, son volume est plus considérable que dans la Mante.

Quant à l'épisternite (1), il est annulaire; aussi est-il très différent des pièces analogues dans les Orthoptères. Toutefois, que l'on se reporte à l'étude de la Mante, et l'on verra que les deux épisternites, très reconnaissables, à peine modifiés, étaient unis à leur bord inférieur par une bandelette cornée, que nous n'avons pas omis de signaler. Ce qui arrive au bord inférieur peut arriver au bord supérieur ; et telle est la cause de cette fusion apparente de deux pièces latérales en une seule, qui paraît alors médiane et impaire. Si l'on étudie avec soin ces deux épisternites (2), on voit sur leurs bords postérieurs des appendices qui rappellent, par leur peu de consistance et leur forme, les appendices des *Acrophyllus* et des *Mantis ;* ces appendices sont assemblés d'une manière très peu intime avec les tergo-rhabdites. Le sternite se place au centre de ces épisternites réunis, et les deux divisions de son extrémité postérieure deviennent parallèles aux appendices de ceux-ci ; quelque différente que puisse paraître cette armure, il est facile cependant d'y retrouver les pièces fondamentales, modifiées par des soudures dans leur forme et un peu dans leur position (3).

Acridiens. — L'armure des Acridiens est difficile à rapporter aux types que nous venons d'étudier. Elle est composée de la même manière dans toute la famille. Je l'ai disséquée avec grand soin, dans les *Acridium cœrulescens*, *germanicum*, *grossum*, *migratorium*, *dux ;* dans le *Tetrix subulata*, dans le *Truxalis nasuta*, enfin dans le *Portetis elephas*, qui m'a fourni les sujets des dessins, partout j'ai retrouvé une identité absolue : aussi la description qui se rapporte à l'une des espèces peut s'appliquer à toutes les autres.

Infiniment plus simple et moins compliquée que dans les autres familles, elle ne présente de difficulté que dans la détermi-

(1) Pl. XI, fig. 4.

(2) Pl. XI, fig. 4 *a'*.

(3) Les espèces qui ont été disséquées sont : le *Blatta americana*, le *Kakerlæ orientalis*, un *Blaberus*.

nation des pièces. L'ennato-tergite supporte des pièces cornées, crochues et courtes (1), qui, réunies au nombre de quatre, forment tout l'appareil. Les deux supérieures, unies par leur côté supérieur au bord latéral du tergite, sont un peu retroussées en haut, tandis que les deux inférieures, articulées par leur extrémité antérieure avec les pièces supérieures, sont courbées en bas ; celles-ci, comme les supérieures, sont unies entre elles par une membrane; enfin, entre les deux supérieures, on trouve un petit corps médian, bifide à son extrémité libre. Si l'on pénètre dans les parties profondes, on trouve une apophyse à insertion musculaire très grande, là où s'articulent, en se réunissant à angle aigu, les pièces supérieures et inférieures. Comme il est facile d'en juger, cette description ne ressemble pas beaucoup à celle de l'armure des Locustaires. Toutefois on peut arriver à retrouver les pièces fondamentales du zoonite. Ainsi, le tergite (2) n'est pas modifié; on le retrouve tel qu'il est dans les autres familles. Le sternite (3) est évidemment cette petite pièce bifide que l'on remarque entre les deux pièces cornées supérieures ; il est médian ; il rappelle les formes de la même pièce dans les Mantes, les Blattes. Dès lors, n'est-il pas évident que les pièces qui sont en rapport d'articulation avec lui sont les épisternites (4). Ici une difficulté se présente : ces épisternites sont articulés directement avec le tergite; nous expliquerons plus tard cette anomalie par la loi des chevauchements.

Il nous reste à trouver les épimérites et les tergo-rhabdites ; pour nous, les deux crochets (5) inférieurs sont les tergo-rhabdites. Quant aux épimérites (6), je les vois dans ces deux apophyses musculaires que je signalais tout à l'heure. Les pièces que j'indique comme étant les tergo-rhabdites se composent bien évidemment chacune de trois parties distinctes : une supé-

(1) Pl. XII, fig. 1.
(2) Pl. XII, fig. 2-3, 9*t*, *b*.
(3) Pl. XII, fig. 2-3 *f*.
(4) Pl. XII, fig. 2-3 *aa'*, 5.
(5) Pl. XII, fig. 2-4, 4' *i*, *i'*, *i''*.
(6) Pl. XII, fig. 2-3 *c*.

rieure (1), partie fondamentale du tergo-rhabdite ; deux inférieures (2), qui sont le produit d'un dédoublement, en sorte qu'il faut admettre qu'un groupe de pièces représente ici une seule pièce, comme cela se rencontre fréquemment dans les Crustacés.

Si l'on considère bien cette armure, on trouve que les tergo-rhabdites n'ont aucun rapport avec le tergite et les épimérites ; qu'au contraire l'épisternite est en connexion intime avec le tergite. Pour comprendre ces changements, que l'on suppose l'oviscapte d'une Locustaire composé tel qu'il est, mais avec l'avortement de l'épimérite, n'est-il pas évident que le tergo-rhabdite, placé sur le bord inférieur de l'appareil, n'aura plus aucune connexion avec le tergite, dont il sera séparé par l'épisternite? Au lieu d'un avortement, supposons un changement de place de l'épimérite, le résultat ne sera-t-il pas le même? C'est justement ce qui arrive dans les Acridiens : l'épimérite est rentré dans l'abdomen pour servir à de nouvelles fonctions, il est transformé en apophyse musculaire ; dès lors le tergo-rhabdite, restant inférieur, perd ses rapports avec le tergite, qui s'unit à l'épisternite. Cette tendance de la nature à prendre des parties formées, à les transformer pour les faire servir à différents usages, sera démontrée dans la suite de ce mémoire. Ainsi, à l'aide des lois du chevauchement et du fractionnement des parties, arrivons-nous à retrouver dans les Acridiens le même nombre de pièces ; en un mot, une armure semblable au fond à l'armure des Locustaires, Mantides, Phasmides, etc., bien qu'elle soit très différente en apparence.

Grillioniens. — Il semble, quand on examine les Grillons, que la tarière dont ils sont armés doit les faire placer à côté des Locustaires ; mais comme nous marchons des armures les plus complexes aux armures les plus simples, nous devons placer ici cette famille, car son armure est plus incomplète que celles que nous venons d'apprendre à connaître. Il est utile de diviser en deux la famille qui va nous occuper ; en effet, les genres

(1) Pl. XII, fig. 4-4' *i*.
(2) Pl. XII, fig. 4-4' *i'*, *i''*.

Grillio, *Nemobius*, *Æchantus*, présentent une armure véritable, tandis que le *Grillio-Talpa* n'en a pas du tout.

Grillons. — Dans le *Grillus campestris*, *domesticus*, dans le *Nemobius sylvaticus*, dans l'*Æchantus pellucens*, la tarière est absolument composée de la même manière ; il n'y a de différence que dans les dentelures de son extrémité libre.

On retrouve (1), comme dans la Mante et les Blattes, deux tergites qui semblent en rapport avec l'armure, bien qu'il n'y en ait qu'un, l'ennato-tergite, auquel sont appendus l'épimérite et le tergo-rhabdite (2), parfaitement identiques de forme, de position, avec ceux que nous avons étudiés précédemment. Le rhabdite est long comme la tarière, terminé (3) en pointe assez aiguë, un peu tranchant dans le *Grillus domesticus*, plus large (4) dans l'*Æchantus pellucens*, où son extrémité porte une dent sur le côté externe. Du reste, le stylet ou tergo-rhabdite présente avec le reste de la tarière un mode d'assemblage qui ne lui permet que des mouvements longitudinaux. Cet assemblage est fort et résistant. Quand on a enlevé le tergite, le tergo-rhabdite et l'épimérite, il ne reste plus qu'une pièce médiane impaire (5), à base compliquée, bifide dans toute sa largeur : c'est le sternite. Les deux branches de sa bifurcation se joignent au bord supérieur du tergo-rhabdite, et se terminent, tantôt par une pointe aiguë (6) comme dans les Grillons, tantôt par une partie arrondie (7) couverte de crochets et de dents comme dans l'*Æchantus pellucens*. La base de ce sternite représente bien la base du sternite de la Locustaire ; sur le côté dorsal (8), une pièce, terminée en avant par une apophyse prismatique triangulaire, rappelle la même partie dans la Locustaire. Latéralement (9) on

(1) Pl. XI, fig. 7, 9^t, 8^t.
(2) Pl. XI, fig. 8 *b*, *c*, *i*.
(3) Pl. XI, fig. 11 *i*.
(4) Pl. XI, fig. 12 *i*.
(5) Pl. XI, fig. 9-10.
(6) Pl. XI, fig. 11 *f*.
(7) Pl. XI, fig. 12 *f*.
(8) Pl. XI, fig. 9-10 *g*.
(9) Pl. XI, fig. 10-9 *d*.

y trouve(1) deux apophyses : l'une, inférieure, est unie à celle du côté opposé par un arc de cercle ; l'autre, supérieure (2), donne en dehors attache à l'angle postérieur de l'épimérite.

On le voit, les épisternites et les sterno-rhabdites manquent ; ils ne sont représentés par rien : on ne rencontre aucune pièce qui puisse être considérée comme leur analogue. C'est qu'ils ne se sont pas développés, et cette circonstance fait qu'ici on observe une inversion de rapports qui nous aidera à comprendre ce qui est arrivé dans les Acridiens. Ici c'est l'épimérite qui s'articule avec le sternite, et cela tout simplement parce que la pièce qui leur est intermédiaire ne se développe pas. Nous trouvons une particularité due à ce fait dans la structure du sternite ; il présente pour cette articulation deux apophyses, que nous ne rencontrions pas dans les autres familles. Pourrait-on soutenir que la partie centrale dorsale de la base du sternite est le sternite lui-même, et que les parties latérales sont les épisternites ? Je ne le crois pas, pour cette raison que la ressemblance avec la partie analogue dans les Locustaires est absolue ; et que si nous décomposions ici cette pièce centrale, il n'y aurait pas de raison pour ne pas agir de la même manière dans les Locustaires, où l'on peut facilement séparer la pièce triangulaire dorsale, et l'arc inférieur de la base du sternite. D'ailleurs l'avortement d'un épisternite n'a rien qui puisse étonner, quand on considère les avortements qui arrivent dans le genre suivant, et surtout quand on observe que les parties latérales se développent moins fixement que les parties tergales ou sternales.

Grillio-Talpa.—Quand le zoonite ne présente pas tous les éléments, il se compose normalement du sternite et du tergite. Les zoonites de l'abdomen sont le plus ordinairement composés seulement de ces deux parties. Dans la Taupe-Grillon (3), les anneaux voisins des organes génitaux restent à cet état de simplicité ; il n'y a point de pièces latérales développées, partant point d'armure proprement dite. Au-dessous de l'orifice de l'oviducte, on

(1) Pl. XI, fig. 9-10 *d*.
(2) Pl. XII, fig. 6.
(3) Pl. XII, fig. 6.

trouve un sternite ; après lui on en trouve encore un, simple, peut-être même moins développé que les autres, et l'abdomen se termine comme nous l'indiquerons plus loin. C'est le cas le plus simple qui puisse exister.

FORFICULES. — Ici non seulement il n'y a pas d'armure (1), mais l'anus et le vagin sont très voisins l'un de l'autre. Le sternite qui les sépare encore dans la Taupe-Grillon disparaît, avorte. Dans ce dernier, l'abdomen était complet, chaque zoonite ayant un sternite ; ici il est incomplet, plusieurs sternites avortent. Il ne faut pas prendre la pince qui termine l'abdomen des Forficules pour une armure ; elle dépend des éléments terminaux qu'il nous reste maintenant à examiner.

En résumé, si nous récapitulons ce que nous venons d'étudier en détail, il est facile de voir qu'il existe cinq types principaux dans l'ordre des Orthoptères ; on peut les caractériser ainsi :

PREMIER TYPE. — Urite complet, composé du *sternite* et du *tergite*, des *épisternites*, *épimérites*, tergo-rhabdites et sterno-rhabdites. Les *Locustaires* sans exception, munies d'un oviscapte plus ou moins saillant, plus ou moins recourbé, les *Mantides*, les *Blattaires*, les *Phasmides*, se placent dans ce groupe. Toutefois les *Phasmides*, comme nous l'a montré l'*Acrophylla chronus*, n'ont qu'un sternite rudimentaire.

DEUXIÈME TYPE. — Les *Acridiens* nous ont montré une armure aussi complexe que les familles du premier type, avec cette différence que l'épimérite, par son chevauchement, changeait les rapports des parties.

TROISIÈME TYPE. — Plus simple que les précédents, il est caractérisé par l'absence de deux pièces du zoonite, les épisternites et les sterno-rhabdites. Les genres *Grillus*, *Nemobius*, *Æchantus* présentent cette sorte de dégradation de l'armure.

QUATRIÈME TYPE. — C'est le plus simple ; avortement de la pièce latérale qui existait encore dans les Grillides. Forme des tergites et sternites analogue à celle des autres urites. Ex. : *Grillio-Talpa.*

(1) Pl. XII, fig. 9.

Cinquième type. — Avortement des pièces latérales et de tous les sternites, depuis la plaque sous-génitale jusqu'à l'anus. Les *Forficules* présentent cette disposition.

C'est ainsi que la nature forme, tantôt une armure compliquée, tantôt un appareil simple, en fractionnant ou subdivisant les parties fondamentales d'un zoonite, en les soudant entre elles ou les faisant avorter. Il est facile, du reste, de reconnaître dans cette série des cinq types une tendance que j'essaierai maintenant de formuler. Les pièces fondamentales des zoonites sont le tergite et le sternite ; les pièces latérales avortent avant celles-ci parce qu'elles sont secondaires. Lorsque les pièces latérales avortent, l'épisternite (pour les Orthoptères, du moins) disparaît avant l'épimérite. Enfin des pièces fondamentales, le tergite est le plus fixe, le sternite avortant toujours le premier.

§ III.

De l'abdomen des Orthoptères considéré dans son ensemble. — Jusqu'ici nous avons étudié l'armure génitale seule, abstraction faite de ses rapports avec l'anus, l'oviducte et l'abdomen. Maintenant que nous connaissons sa structure, que surtout nous savons qu'elle est formée par les éléments d'un zoonite, considérons-la comme un seul segment, et voyons quelle est la composition de l'abdomen.

Dans les Locustaires, j'ai dit qu'il était facile de compter onze segments ; que le proto-urite ne présentait que le tergite (1) ; que l'ennato-urite était représenté par l'armure ; que l'hogdo-urite avait son sternite développé en forme de gouttière, à la face supérieure duquel venait s'ouvrir l'oviducte ; que le décato-urite n'était représenté que par le tergite ; qu'enfin l'endécato-urite, assez complexe, présentait cinq pièces qui entouraient l'anus (2). Comparons à ce type les abdomens des autres familles, absolument comme nous lui avions comparé les armures.

(1) J'ai trouvé, en préparant une Locuste verte longtemps conservée dans l'alcool, un proto-sternite très évident.

(2) Pl. X, fig. 1-3.

Dans la Taupe-Grillon (1), on trouve onze urites tout comme dans la Locustaire, mais avec des différences importantes à noter. Le proto-sternite dans les deux cas avorte, mais l'hogdo-sternite ne présente plus de forme *spéciale*. L'ennato-urite, qui formait l'armure sexuelle, est ici un urite simple (2), composé d'un tergite et d'un sternite, uni par une membrane non interrompue avec l'hogdo-urite ; le décato-urite ne présente pas de sternite. C'est entre l'hogdo-sternite et l'ennato-sternite que s'ouvre l'oviducte. Quant aux cinq pièces anales (3), elles se ressemblent assez dans les deux insectes que nous comparons. Elles sont plus distinctes et marquées dans la Taupe-Grillon.

Avant de pousser plus avant la comparaison qui nous occupe, cherchons ce que sont ces pièces anales. En admettant ce fait que dans les Crustacés le dernier zoonite ne présente jamais d'appendices, on serait tenté de considérer ces deux longs filaments de la Taupe-Grillon, et les deux filaments moins longs de la Locustaire, comme étant des décato-rhabdites. On pourrait appuyer cette manière de voir sur les articulations de ces filaments avec le décato-tergite (4), et en faire ainsi une dépendance du décato-urite. Ce qui paraît vrai dans les Orthoptères ne semble pas juste dans quelques autres ordres ; aussi je préfère les considérer comme appartenant au dernier zoonite, avec toute réserve cependant ; on ne voit pas d'ailleurs pourquoi ce dernier zoonite abdominal serait privé d'appendices. On peut considérer ces deux filaments comme étant les épimérites de l'endécato-urite. L'endécato-tergite (5) étant représenté par la plaque triangulaire placée au-dessus de l'anus, les deux plaques également triangulaires placées au-dessous, si évidentes dans la Taupe-Grillon, où elles présentent les orifices de deux glandes anales, me paraissent devoir être considérées comme le sternite divisé sur la ligne médiane, fait qui se rencontre fréquemment. Je ne crois pas qu'il

(1) Pl. XII, fig. 5.
(2) Pl. XII, fig. 6, 9 s.
(3) Pl. XII, fig. 6-7.
(4) Pl. XII, fig. 7,
(5) Pl. XII, fig. 7, 11, 11, p.

faille les considérer comme étant les endécato-épisternites. En indiquant dans quel ordre disparaissaient les éléments du zoonite, nous avons par cela même expliqué notre manière de voir touchant la nature de ces pièces terminales.

Dans les Grillons, l'abdomen semble ne présenter que sept sternites, huit tergites, l'armure génitale et les pièces anales (1). En observant attentivement, on ne tarde pas à se convaincre que le proto-urite possède un proto-sternite à peine accusé par une légère cornéification, tandis que le proto-tergite s'unit au métathorax. La plaque sous-génitale est l'hebdo-sternite, et couvre la base de l'armure, qui semble suspendue aux huitième et neuvième tergites. Avec quelque attention on retrouve l'hogdo-sternite à la face supérieure de la plaque sous-génitale ; c'est un petit repli corné qu'il est facile de reconnaître, mais qui est très petit. Jusqu'à l'armure génitale donc, le même nombre d'éléments compose l'abdomen des Grillons. Après l'ennato-urite, les pièces deviennent confuses ; les trois pièces triangulaires, si nettement accusées dans le *Grillio-Talpa*, se soudent avec le décato-tergite. Les épimérites de l'endécato-urite sont très développés ; ils atteignent presque la longueur de la tarière.

Dans les Mantides, les Blattaires, l'abdomen présente de notables différences ; elles montrent combien les éléments peuvent, en se modifiant, donner naissance à des dispositions nouvelles. En apparence, la structure de l'abdomen des Mantes et des Blattes est la même que celle du Grillon. Dans un cas comme dans l'autre, c'est l'hebdo-sternite qui forme la plaque sous-génitale (2) ; l'armure est en rapport avec les hogdo et ennato-tergites ; enfin l'abdomen se termine par des pièces multiples, assez confondues et soudées entre elles ; mais dans le Grillon nous avons retrouvé la plaque correspondant à l'hogdo-sternite au-dessus de la plaque sous-génitale. Ici il n'en est pas de même, et l'hogdo-sternite semble avorté. A la base de l'armure, entre les extrémités antérieures des tergo-rhabdites, on trouve une pièce (3) que nous

(1) Pl. XI, fig. 6.

(2) Pl. XI, fig. 1 ; pl. X, fig. 7.

(3) Pl. X, fig. 8-9'.

n'avons pas signalée en étudiant l'armure, et qui, lorsque nous commencions à étudier ces familles, nous embarrassait beaucoup. Elle était très difficile à faire rentrer dans la composition du zoonite post-génital ; mais en considérant que l'hogdo-tergite chevauche sur le neuvième, on est conduit à penser qu'il pourrait bien en être de même du sternite. Et, en effet, ces pièces paraissent être les sternites correspondant aux tergites, qui s'unissent si intimement aux tergites de l'armure. Dès lors le type normal se reconstitue, avec une différence toutefois : l'oviducte, au lieu de s'ouvrir entre l'hogdo et l'ennato-urite, s'ouvre entre l'hebdo et l'hogdo-sternite. Dans le *Mantis tessulata*, le chevauchement du sternite est très remarquable ; on le retrouve presque comme partie constituante de l'armure. Dans les *Blaberus*, il est très considérable ; quant aux pièces anales, sauf quelques soudures, elles sontl e s mêmes.

Ceci montre que l'oviducte peut s'ouvrir entre les différents zoonites qui terminent l'abdomen ; car dans le Grillon et la Locuste, c'est entre le neuvième et le huitième ; dans les Mantes et les Blattaires, entre le huitième et le septième.

Dans les Phasmides (1), on retrouve le type ordinaire. La plaque sous-génitale est formée par l'hogdo-sternite. Dans les Acridiens même chose ; mais tandis que chez les Phasmes, et, en particulier, l'*Acrophylla chronus*, les deux épimérites de l'endécato-urite présentent un développement considérable, une transformation en véritables folioles, chez les Acridiens (2) c'est à peine si on les retrouve sous forme de petits tubercules latéraux. Ici, de plus, tous les éléments du décato-urite et de l'endécato-urite sont soudés, et forment une sorte de corps pyramidal.

Dans les Forficules, la terminaison de l'abdomen présente des différences bien plus considérables ; elles vont nous fournir l'occasion, dans l'étude qui nous reste à faire de ces insectes, de reconnaître et d'admirer cette tendance économique de la nature, qui, avant de créer de nouveaux organes, transforme, autant qu'elle le peut, les organes déjà existants, et les applique à de

(1) Pl. X, fig. 12.
(2) Pl. XII, fig. 1 B.

nouvelles fonctions. Nous avons déjà dit que plusieurs sternites correspondants à l'armure avortaient ; il semble qu'il en est de même de quelques tergites : quand on compte les anneaux (1) de l'abdomen, on trouve sept sternites, huit tergites et la pince caudale. Le premier zoonite est complet et bien développé, chose importante, comme nous le verrons plus loin. Quand on a enlevé les sept premiers urites (2), on n'a plus qu'un tergite épais, robuste et fortement corné, qui supporte les deux branches du forceps. A sa face inférieure, on trouve l'orifice de l'oviducte et l'anus, il n'y a pas de sternite ; de chaque côté de l'anus et de l'oviducte (3), on voit une pièce latérale légèrement cornée : enfin, entre les deux branches du forceps et à leur base, se trouve une pièce carrée très forte : telles sont les parties dont il faut chercher la signification. D'abord ce tergite, qui est le huitième, présente deux sillons, deux dépressions parallèles à son bord antérieur, que Westwood avait remarquées, et qu'il avait considérées, avec juste raison, comme les indices de deux anneaux rudimentaires (*On modern classification*). J'ai eu la certitude que cette appréciation de Westwood était exacte ; car, en faisant bouillir cette pièce dans l'eau acidulée d'acide chlorhydrique, qui respecte la partie cornée et dissout les membranes, j'ai pu désarticuler les anneaux rudimentaires, et arriver ainsi à reconnaître dans l'abdomen des Forficules dix tergites au lieu de huit. Le dixième, habituellement si peu développé, prend ici un accroissement énorme dont nous allons voir la raison. Dès lors l'avortement des sternites porte sur les huitième, neuvième et dixième. Quant aux pièces terminales qui entourent l'anus, nous les retrouvons toutes. D'abord l'endécato-tergite est évidemment cette pièce quadrilatère (4), forte, presque soudée avec le décato-tergite, que nous avons notée entre les branches de la pince. Évidemment les deux épimérites (5) de l'endécato-urite sont

(1) Pl. XII, fig. 8.
(2) Pl. XII, fig. 9.
(3) Pl. XII, fig. 9 *n*, *n*, 11'.
(4) Pl. XII, fig. 9, 11.
(5) Pl. XII, fig. 9 P P.

transformées ici en crochets aigus et forment les branches du forceps ; enfin les deux pièces sous-anales (1), que nous avons dites être le onzième sternite, sont représentées ici par ces deux impressions cornées, latérales à l'anus et à l'orifice de l'oviducte. Il n'y a de différence que dans les formes et un peu dans la position ; les rapports sont les mêmes. Pourquoi l'anus est-il à la face inférieure? pourquoi les pièces terminales semblent-elles avoir cheminé vers l'oviducte? La raison en est évidemment dans les nouvelles fonctions des parties. D'une part, trois sternites avortent ; de l'autre, l'endécato-tergite se développe beaucoup, pour fournir une base solide aux pinces : il doit naturellement en résulter un changement, car la partie dorsale se développe seule ; aussi se produit-il un mouvement d'incurvation, qui reporte en dessous et vers l'orifice génital l'anus et les deux plaques des endécato-sternites.

Pour avoir une pince, un forceps, qu'a-t-il fallu faire? Rendre résistants ces filaments si grêles et si longs des Grillioniens, les courber l'un vers l'autre, et insérer à leurs bases des muscles adducteurs et abducteurs puissants. Tout cela existait ; il a suffi d'en accroître les proportions aux dépens des autres parties ; aussi voyons-nous ces huitième et neuvième zoonites à l'état rudimentaire, tandis que le dixième est développé outre mesure. On trouve une preuve de plus de l'analogie des pinces des Forficules avec les longs filaments des Grillons, dans l'ouvrage si remarquable de l'entomologiste anglais que je citais plus haut. Westwood, en parlant des formes des pinces dans les différentes espèces, sans s'occuper des parties du scléroderme qui les forment, dit que dans les *Euplexoptera*, comme il les nomme, on trouve des espèces rares qu'il possède, dont les pinces sont droites, longues et grêles. N'est-il pas évident que ces espèces font le passage entre celles qui ont une pince solide, courbée, et les Grillionniens?

En résumé, l'abdomen des Orthoptères se compose de onze urites distincts, tantôt complets, tantôt en partie avortés. En par-

(1) Pl. XII, fig. 9 *n-n*.

tant d'un type que l'on peut représenter par une figure théorique (1), on peut se rendre facilement compte de toutes les modifications que présente l'ordre. En effet, on voit que le protourite, formé tantôt par un tergite et un sternite, manque souvent de sternite ; que son tergite se soude fréquemment au métatergite ou thorax ; que la plaque sous-génitale est formée, tantôt par l'hebdo-sternite, tantôt par l'hogdo-sternite ; que lorsque l'hebdo-sternite est sous-génital, l'hogdo-urite est couvert et caché par l'hebdo-urite ; que l'armure génitale, quand elle se développe, est formée aux dépens de l'ennato-urite dont les éléments primitifs prennent un développement considérable ; que le décato-urite ne présente qu'un tergite ; que l'endécato-urite, formé de cinq pièces, représente un urite, dont le sternite est bifide, dont les épimérites se sont allongés en forme de stylets ; enfin que, dans quelques cas, les hogdo et ennato-urites restent rudimentaires, que leurs tergites seuls développés s'unissent intimement au décato-tergite, qui seul se développe beaucoup, pour donner attache aux *endécato-épimérites* courbés en pinces.

Peut-être serait-il commode, pour les descriptions qui nous restent à faire, d'employer les noms de *prégénital* (2) pour le zoonite qui précède l'orifice de l'oviducte, et qui fournit la plaque *sous-anale* ou mieux *sous-génitale* ; de *post-génital* (3), pour celui qui suit et dont les éléments forment l'armure ; enfin de *préanal* (4) et d'*anal* (5), pour ceux qui se rencontrent entre l'armure et l'anus.

§ IV.

Les armures génitales femelles des Hyménoptères et des Orthoptères sont, avons-nous dit, composées sur un même plan ; mais elles présentent des différences en rapport avec l'organisation propre à chacun des ordres, qu'il est utile d'ap-

(1) Pl. XI, fig. 13.
(2) Pl. XI, fig. 13, 8_t, 8_s.
(3) Pl. XI, fig. 13, 9^t, 9_s.
(4) Pl. XI, fig. 13, 10_t, 10_s.
(5) Pl. XI, fig. 13, 11^s, 11^t.

précier. Il est, en effet, curieux de voir comment, en partant de ce zoonite type primitif, la nature a fait ici un aiguillon de Guêpe, là un oviscapte de Sauterelle (1).

Le sternite des Orthoptères est toujours plus complexe que celui des Hyménoptères. Les supports qui prolongent les lèvres de la gouttière dont il est creusé sont longs et grêles dans les Hyménoptères ; ils vont s'articuler à l'extrémité antérieure des épisternites, en décrivant une courbure qui embrasse cette extrémité. Dans les Orthoptères, au contraire, ils sont courts, droits, et unis entre eux par une pièce transversale. L'angle dorsal de la base du sternite, simple dans les premiers, porte dans les seconds une pièce triangulaire qui sert à de nouvelles articulations.

Ces différences deviendraient bien plus considérables et marquées, si nous prenions les sternites des Phasmides, Mantides, Blattaires et Acridiens. Ici, en effet, le sternite est une pièce médiane dont la forme s'éloigne beaucoup de celle des Orthoptères à oviscaptes complets, et par suite de celle des Hyménoptères.

Les épisternites présentent une différence capitale, que l'on peut dire caractéristique. En effet, nous les avons toujours vus, quand ils existaient, formés par une seule pièce ; tandis que dans les Hyménoptères, toujours ils portaient un appendice, la valve du fourreau. En sorte que l'on peut se demander si cette longue pièce de l'oviscapte de la Locuste, par exemple, est seulement l'épisternite démesurément allongé, et protégeant le sternite sans pourtant lui faire un véritable fourreau ; ou bien si elle est l'épisternite, et son appendice le sterno-rhabdite, unis et confondus en une seule pièce. Dans l'une et dans l'autre hypothèse, la différence reste toujours très grande.

Le tergite, l'épimérite et le tergo-rhabdite sont les pièces qui se ressemblent le plus ; aussi serait-il très difficile de dire en quoi elles diffèrent, par exemple, dans le *Syrex gigas*, l'*Ephialtes ma-*

(1) Je ne puis renvoyer ici minutieusement à toutes les figures des armures des Orthoptères et des Hyménoptères. Pour les premiers, les figures sont déjà suffisamment connues ; pour les seconds, il serait utile de voir les planches publiées en 1849 et 1850 dans les *Annales des sciences naturelles*.

nifestator et le *Decticus verrucivorus*, ou le *Grillus domesticus* et l'*Æchantus pellucens*. Ces trois pièces, toujours réunies dans les figures, sont celles qui mettent sur la voie le plus sûrement, quand il s'agit de retrouver les analogies.

Le mode d'union de ces parties présente des différences non moins grandes. Ces pièces terminales, de la base du gorgeret ou sternite, s'articulent avec les épisternites par quatre points ; aussi les mouvements de ces deux pièces l'une sur l'autre sont-ils très limités. Dans les Hyménoptères, l'absence de ces pièces est la cause d'un mode tout différent d'articulation. Toutefois on rencontre comme le commencement de cette union dorsale du sternite avec l'épisternite, dans les Sirex, les Tenthrèdes; mais cette articulation se fait avec le bord inférieur de l'épisternite, et non avec son bord supérieur.

Quant aux assemblages, ils offrent encore un caractère particulier aux Orthoptères. En général, dans l'ordre précédent, les tergo-rhabdites ou stylets étaient plus ou moins enfermés dans le sternite, qui n'était protégé que par les valves de son fourreau : aussi toujours ce qui frappait d'abord, c'était le gorgeret, le sternite. Ici c'est le sternite qui est caché, et les tergo-rhabdites, les épisternites qui sont apparents ; de plus, dans les Hyménoptères, jamais on ne voit les sterno-rhabdites contracter d'adhérences avec les autres pièces de l'armure. Ici c'est tout le contraire, des assemblages puissants unissent les épisternites et les tergo-rhabdites. Il faut toutefois en excepter les Grillioniens, chez qui la tarière se présente absolument comme celle des Hyménoptères, dépourvue du fourreau des sterno-rhabdites. Du reste, ces assemblages se font dans les deux ordres de la même manière. C'est le tergo-rhabdite qui fournit les mortaises où viennent se loger les bords inférieurs des sternites ou des épisternites.

Pour l'abdomen en général, nous allons trouver des différences notables. Le zoonite anal et le préanal n'existent pas chez les Hyménoptères ; toutefois je crois qu'il faut considérer comme en étant les représentants, des impressions cornées vagues à peine sensibles que l'on rencontre autour de l'anus. Quant aux deux tubercules auxquels Westwood attache beaucoup d'importance, et qui sont insérés sur deux échancrures du tergite de l'armure dans les Tenthrédines et les Ichneumons, il me paraît incontestable qu'ils sont les représentants de ces longs filaments de la Taupe-Grillon, que l'on retrouve si petits dans les Acridiens, si modifiés dans les Forficules. L'urite post-génital, celui de l'armure, n'occupe pas le même numéro d'ordre dans les deux cas : le huitième dans les Hyménoptères, il est le neuvième dans les Orthoptères. Je crois qu'il n'y a qu'une fausse apparence due à des chevauchements. Les entomologistes sont tous d'accord sur ce point, savoir, que des éléments de l'abdomen viennent se souder aux éléments du métathorax chez les Hyménoptères; mais ils ne s'entendent pas sur le nombre : tantôt c'est un, tantôt deux, peut-être trois; et comme ces chevauchements sont très embarrassants, Newport a proposé d'admettre une partie intermédiaire à l'abdomen et au thorax. C'est éluder la difficulté, ce n'est point la résoudre. Il me paraît plus naturel de considérer le proto-urite comme étant soudé dans les deux cas au métathorax, avec les particularités propres à chaque ordre; dès lors l'armure est formée par l'ennato-urite, et la différence qui existe entre les Orthoptères et les Hyménoptères est celle-ci : dans les uns, on retrouve le passage entre la soudure métathoracique; dans les autres, la soudure est telle que le deuto-urite semble être le premier. Ce qui met hors de doute cette manière de voir, c'est que dans les Forficules, on trouve un nombre égal de segments à celui que l'on compte chez les Acridiens, les Phasmides; mais tandis que, dans les premiers, le proto-sternite est parfaitement développé et distinct du métathorax, dans les seconds ils n'existent pas, et le proto-tergite se remarque uni au métatergite. Dans les différents genres et espèces la démonstration est absolue; il n'y a qu'à chercher pour trouver tous ces passages intermédiaires. Du reste, ces considérations reviendront plus tard à la fin de ce travail. Enfin le zoonite prégénital n'aurait point de sternite dans les Hyménoptères, tandis qu'il en présente toujours dans les Orthoptères.

Les parties molles offrent des analogies et des différences qui sont déterminées par les dispositions des parties solides; mais il en est une qu'il est curieux de noter : toujours entre l'armure et le vagin s'ouvre une glande, quelquefois plus d'une. Là elle est une glande vénifique ; ici elle est une poche copulatrice ou une glande sébifique : aussi tantôt s'ouvre-t-elle à la base du sternite, qui doit porter son produit dans la place qu'il fait ; tantôt s'ouvre-t-elle plus avant, afin d'invisquer les œufs à leur passage. Quant l'oviscapte n'existe pas, c'est sur le côté dorsal de l'oviducte, près de son orifice extérieur, qu'elle s'ouvre, comme cela se voit dans le *Grillio-Talpa*.

§ V.

L'oviscapte pourrait-il servir à caractériser les grandes divisions très naturelles de l'ordre des Orthoptères? — Il est positif que la tarière d'un Grillon diffère essentiellement de celle d'une Locuste ; que l'une est caractéristique de la famille des Grillioniens, que l'autre est caractéristique de la famille des Locustaires : de telle sorte que l'une des armures étant donnée, on peut dire qu'elle appartient à telle ou telle famille. Il serait donc possible de tirer des caractères de cet organe, non pas qu'on pût, par exemple, diviser les Orthoptères en deux groupes : ceux qui portent une tarière, un oviscapte complet ou modifié, et ceux qui en sont totalement dépourvus ; car le genre *Grillio-Talpa*, que tout rapproche des Grillons, n'en a pas. Mais du moment que l'armure se constitue, elle présente des caractères plus saillants qu'elle ne le faisait pour les Hyménoptères. Ainsi les Acridiens ont une armure que rien ne peut faire confondre avec celle des autres familles. Les Mantides ne ressemblent pas aux Blattaires, ceux-ci diffèrent des Phasmiens ; quant aux Forficulaires, ils sont aussi éloignés des autres Orthoptères par leurs zoonites génitaux que par l'ensemble de leur organisation. Je crois donc que la composition des urites prégénitaux et post-génitaux, telle qu'elle a été indiquée dans ce mémoire, pourrait fournir des caractères qu'il serait bon de joindre à ceux déjà connus.

On pourrait les formuler ainsi :

LOCUSTAIRES. — Plaque *sous-génitale* formée par l'*hogdo-sternite*. — Urite *post-génital* ou *ennato-urite* complet. Ses éléments développés forment un *oviscapte* plus ou moins saillant, composé en apparence de six éléments. *Ennato-sternite* bifide.

GRILLIONIENS. 1er type. — Plaque *sous-génitale* formée par l'*hebdo-sternite*. — *Hogdo-urite* rudimentaire caché sous l'*hebdo-urite*. — Urite *post-génital*, *ennato-urite* incomplet. Ses éléments développés prennent la forme d'une tarière solide et résistante, présentant en apparence quatre éléments. Le médian *ennato-sternite* bifide ; *ennato-épisternite* non développé.

2e type. — Plaque *sous-génitale* formée par l'*hogdo-sternite*. — Urite *post-génital ; ennato-urite* incomplet composé du *sternite* et *tergite*, qui ont la même forme que dans le reste de l'abdomen.

MANTIDES. — Plaque *sous-génitale* formée par l'*hogdo-sternite*. — Urite *post-génital*, *ennato-urite* complet. Les éléments peu développés dépassent à peine la plaque *sous-génitale ;* les deux *épisternites*, distincts, enferment entre eux un très petit sternite. Ils sont unis l'un à l'autre par leur bord inférieur à l'aide d'une bandelette cornée. Chevauchement de l'*hogdo-sternite*, qui vient se placer entre l'orifice de l'oviducte et l'armure.

PHASMIDES. — Plaque *sous-génitale* formée par l'*hogdo-sternite* très développée, courbée en haut. — Urite *post-génital* incomplet ; avortement de l'*ennato-sternite*, qui n'est représenté que par un repli membraneux.

BLATTAIRES. — Plaque *sous-génitale* formée par l'*hebdo-sternite* bilobé à son extrémité libre. — Urite *post-génital* complet ; *ennato-sternite* petit, logé entre ces deux *ennato-épisternites* soudés en une seule pièce annulaire. Chevauchement de l'*hogdo-sternite*, qui vient se placer à la base de l'armure, entre elle et l'orifice de l'oviducte.

ACRIDIENS. — Plaque *sous-génitale* formée par l'*hebdo-sternite*. — Urite *post-génital*, *ennatourite* complet. Chevauchement de l'*ennato-épimérite*, qui devient interne ; articulation de l'*ennato-tergite* avec les *épisternites*. *Tergo-rhabdites* composés de trois pièces secondaires unies entre elles. Pas d'assemblage entre les *tergo-rhabdites* et les *épisternites*.

FORFICULAIRES. — Plaque *sous-génitale* formée par l'*hebdo-sternite*. — Urites *post-génitaux ; hogdo-urite* et *ennato-urite* en partie avortés, et représentés seulement par deux arcs cornés intimement soudés au *décato-tergite* fort développé. *Endécato-rhabdites* développés et modifiés en forme de pince.

§ VI.

Comment agissent les instruments dont nous venons d'apprendre à connaître l'organisation ? — Dans les Forficulaires et les Taupes-Grillons, la ponte des œufs doit être très simple, puisque l'oviducte se termine sans appareil spécial. Dans les autres familles, les armures génitales sont tantôt capables de pénétrer les corps, et tantôt incapables de remplir cette fonction ; aussi leur mode d'action est-il différent.

Je dois dire que, pour avoir une connaissance parfaite du jeu de ces organes, il serait utile de faire de longues observations sur les animaux au moment où ils déposent leurs œufs. Cette étude, longue et difficile, peut se faire plus facilement et avec plus de fruit maintenant que la disposition des organes spéciaux est connue.

Dans les *Locustaires*, quelle est la pièce qui pénètre la première? Il est quelques *Dectiques*, le *griseus*, quelques *Phanéroptères*, les *Acanthodes*, les *Pseudophylles*, les *Ptérochrozes*, dont le bord inférieur du tergo-rhabdite et le bord supérieur du sterno-rhabdite sont garnis de dents peu prononcées dirigées en avant ou en arrière. Il est douteux que ces dents soient suffisantes pour inciser des parties dures : elles sont plutôt mousses que tranchantes et acérées; aussi ne doivent-elles pas jouer un rôle bien important pendant l'action de l'armure ; elles ont néanmoins une action, mais une action très faible qui ne peut nous faire pressentir laquelle des parties fraie la voie aux autres. Dans les cas où l'oviscapte est courbé, il est de toute évidence que les tergo-rhabdites sont les premiers à pénétrer; dans les autres cas, il doit en être de même : car, ainsi que les représentent les auteurs, les Locustaires abaissent leur oviscapte, les rendent perpendiculaires à la direction de leur corps, pour l'introduire en terre. Dans ce mouvement, les tergo-rhabdites sont repoussés par le reste de l'armure et dépassent son extrémité; on n'a qu'à abaisser fortement l'oviscapte, pour apercevoir ce mouvement des tergo-rhabdites. Du reste, en se rapportant à l'anatomie de ces pièces, on reconnaît que les tergo-rhabdites sont les pièces qui jouissent du plus de mobilité; il est donc probable qu'ils pénètrent les premiers, mais leur action est très limitée. Le sternite est trop grêle, trop faible pour avoir une action bien efficace. Quant aux épisternites, ils sont si fortement unis à la base du gorgeret, ou sternite, que les mouvements qu'ils peuvent exécuter sont à peine sensibles. Quand on examine l'oviscapte d'une Locuste vivante, on en voit les éléments se mouvoir avec beaucoup de rapidité dans des directions différentes; les assemblages en coulisse qui les unissent permettant un glissement qui s'exécute avec beaucoup de facilité. Mais c'est tout au plus si l'extrémité des tergo-rhabdites dépasse celle des épisternites; aussi est-on porté à croire que cet instrument s'insinue plutôt qu'il ne perfore en faisant un véritable trou. Du reste, les formes de l'oviscapte des Locustaires sont très variables, les dentelures sont très différentes; aussi doit-il y avoir une grande variété d'action. Ainsi l'oviscapte des Acanthodes, de l'*Acanthodis aquilina* en particulier, est très développé; celui des *Pseudophyllus* (*P. neriifolius*) l'est de même avec une forme un peu différente. Dans les deux cas c'est l'épisternite qui a pris ce grand développement; le sternite est filiforme et le tergo-rhabdite très étroit. Le premier porte des dents dirigées en avant, et dans le second elles le sont en arrière. N'est-il pas évident, par exemple, que l'oviscapte des *Pterochroza ocellata* doit agir d'une tout autre façon que l'organe lamellaire des Acanthodes? Son extrémité rappelle, par sa résistance, ses stries, ses dentelures, par le volume égal des tergo-rhabdites et des épisternites, la tarière des Grillons.

Il n'est pas douteux que les œufs n'arrivent dans le lieu où ils doivent être déposés en glissant entre les valves de l'oviscapte; la disposition de la plaque sous-génitale favorise leur introduction entre ces deux valves, que l'animal peut, du reste, écarter à volonté. Remarquons que, lorsque l'écartement a eu lieu, les lobes du sternite jouent le rôle de ressort et rapprochent les valves.

Du reste, ces mouvements longitudinaux rapides et peu étendus des éléments de l'oviscapte doivent faciliter le glissement des œufs.

Dans les Grillioniens pourvus de tarière, le sternite est très développé ; il doit donc y avoir quelque différence dans l'action. Les tergo-rhabdites pénètrent les premiers ou simultanément avec les lobes des sternites. Dans le *Grillus domesticus* (1) l'un et l'autre sont acérés, leur longueur est la même ; mais ils limitent réciproquement leur mouvement par des dilatations que portent leurs extrémités.

L'*Æchantus pellucens* présente une tarière dont le mode d'action me paraît difficile à bien saisir. Les lobes du sternite (2) sont très obtus à leur extrémité, et couverts de dents et de crochets dirigés en avant ; on ne peut, quand on les considère, leur accorder la faculté de pénétrer les corps. Quant aux tergo-rhabdites, ils sont plus acérés, et dans des conditions telles qu'ils peuvent perforer. Mais ils sont unis ensemble sur la ligne médiane par un assemblage assez solide, en sorte que leur action doit être simultanée ; toujours est-il évident que c'est eux qui doivent pénétrer avant les sternites.

Les pièces de l'armure des Acridiens n'ont et ne peuvent avoir qu'une espèce de mouvement : unies par des membranes, elles ne peuvent s'écarter latéralement ; mais entièrement libres de haut en bas, elles peuvent s'éloigner beaucoup dans ce sens. Les puissances appliquées à produire ce mouvement sont extrêmement grandes ; la forme de l'apophyse produite par l'épimérite rentré nous l'indique. Le mode d'insertion des fibres musculaires concourt à favoriser le jeu des pièces ; l'écartement peut être tel que souvent on rencontre des Acridiens conservés dans l'alcool dont les tergo-rhabdites semblent être le prolongement des épisternites. Quand le moment de la ponte est venu, l'insecte introduit les extrémités crochues de son armure dans les fissures du lieu qu'il a choisi ; la direction même des courbures de l'organe fait

(1) Pl. XI, fig. 11.
(2) Pl. XI, fig. 12 *f*.

que pendant l'écartement il reste fixé ; aussi, grâce aux puissances musculaires, la fissure est-elle bientôt suffisamment agrandie. Dans quelques cas les cavités peuvent être creusées directement ; l'insecte incurve en bas l'extrémité de son abdomen, et fixe solidement ses tergo-rhabdites : il se place ainsi dans des conditions telles que la force qui écartait les pièces inférieures des pièces supérieures a pour effet de redresser celles-ci. Dans ce mouvement l'extrémité abdominale décrit un arc de cercle de bas en haut dont le centre est à l'articulation de l'épimérite. Si les épisternites rencontrent devant eux des obstacles, ils les soulèvent par une espèce de fouissement. Certainement en répétant plusieurs fois ces mouvements, l'Acridien arrive à creuser une dépression propre à recevoir les œufs.

Dans les *Blattes*, les *Mantes*, les *Phasmides*, l'oviscapte ne peut pénétrer les corps. Il n'en était d'ailleurs pas besoin. Les organes mous peu résistants dont ces animaux sont munis me paraissent propres à diriger les œufs, à faciliter leur fécondation et le dépôt de cette matière spéciale dont ils sont entourés, qui forme en se desséchant ces coques, ces nids singuliers caractéristiques des trois familles. Souvent, dans les Phasmides que j'ai pu étudier, j'ai recueilli des œufs retenus entre les sterno-rhabdites et les épisternites. Si l'on observe que c'est entre ces pièces que s'ouvrent la poche copulatrice et les glandes sébifiques, on comprendra que le retard apporté à la marche des œufs devant ces orifices favorise les actes physiologiques que j'indiquais. De plus, les pièces de l'armure forment un véritable canal, et dirigent les germes dont le dépôt régulier s'effectue avec plus de facilité que lorsque l'abdomen se termine simplement.

Il ne me reste qu'un mot à dire sur les Taupes-Grillons et sur les Forficules. Les œufs doivent tomber de l'abdomen, et être déposés là où se trouve l'orifice de l'oviducte. Il ne serait pas impossible que les Forficules se servissent de leur pince pour fixer leur abdomen pendant la ponte, qui doit se faire sans aucune autre particularité, puisque l'armure manque.

§ VII.

Historique. — Pour terminer ce qui a trait à l'armure génitale femelle des Orthoptères, je dois dire quelles recherches antérieures avaient été faites à son égard, et quels renseignements il m'a été donné de puiser dans les livres. Comme pour les Hyménoptères, je me suis placé à un point de vue tout différent de celui où se sont placés les auteurs qui ont écrit à ce sujet. Je n'ai pas considéré seulement la partie saillante de l'oviscapte, je l'ai étudié dans ses rapports avec ses parties basilaires, et dans ses rapports généraux avec le reste de l'abdomen. Aussi les résultats auxquels j'ai été conduit sont-ils bien différents de ceux auxquels sont arrivés les entomologistes peu nombreux qui s'en sont occupés. Les travaux faits sur les oviscaptes des Orthoptères sont moins nombreux que ceux auxquels ont donné lieu les aiguillons et les tarières. Néanmoins des erreurs considérables se sont glissées dans les appréciations : il est, je crois, utile de les relever.

Il est un auteur que l'on regrette de voir muet sur les mœurs des Orthoptères ; ses observations, empreintes d'un cachet de vérité si constant, eussent pu nous aider à saisir plus facilement l'organisation et le jeu des parties. Réaumur ne s'est point dans ses mémoires occupé de cet ordre.

Burmeister et Westwood sont les deux auteurs qui donnent le plus de détails sur l'abdomen ou les armures des Sauterelles ; c'est surtout des travaux de ces auteurs que je vais m'occuper.

Burmeister. — Dans son *Manuel d'entomologie* (traduction anglaise), cet auteur classe les oviscaptes en trois espèces : il place les organes des Orthoptères dans la seconde, les *vagina bivalvis.* Quand le développement est le plus complet, il se compose d'un tube en forme de sabre courbé en haut, dans lequel l'oviducte s'ouvre, et qui a deux valves. La valve interne correspond au dernier anneau de l'abdomen. Kirby et Spence ont mentionné six pièces ; mais Burmeister n'a jamais rien vu de pareil. Dans les *Grillus* (les Acridiens des Français), au lieu de ce vagin saillant, on observe quatre prolongements courts et gros. Les inférieurs mobiles s'articulent avec les supérieurs solidement fixés aux téguments de l'abdomen. Une apophyse interne sert à l'insertion des muscles qui les meuvent. L'orifice du vagin se place entre les deux appendices supérieurs, et l'anus au-dessus des supérieurs. On peut comparer ces appendices inférieurs et mobiles aux deux valves du vagin bivalve des Locustes ; les deux supérieurs aux appendices contigus à l'anus.

Nous trouvons ici des comparaisons qui sont toutes entachées d'erreurs. Ces erreurs tiennent à ce que toujours l'analogie n'a été recherchée que pour les pièces saillantes, tandis que nous l'avons vu, le meilleur moyen de ne pas s'égarer dans ces recherches était de partir des pièces fondamentales développées le plus régulièrement. D'abord, cette manière de s'exprimer, le vagin se prolonge, n'est pas exacte ; elle semble indiquer que les oviscaptes ne seraient que la prolongation cornée des dernières parties de l'oviducte. L'armure n'appartient pas, comme on a pu le voir, à l'orifice vaginal. Pour les Acridiens, il y a erreur : le vagin ne se place pas entre les appendices inférieurs ; il est intimement uni à la face supérieure de la plaque sous-génitale (1) ; il ne pourrait d'ailleurs se placer entre ces pièces, puisqu'elles sont unies entre elles, et qu'une glande s'ouvre sur la membrane de jonction (2).

L'erreur la plus grande est celle-ci : les deux pièces supérieures de cette armure seraient les analogues des deux stylets qui terminent l'abdomen des autres Orthoptères, et qui, dans les planches jointes à ce mémoire, sont notés par la lettre P. En laissant l'erreur de comparaison, d'analogie, il y a une erreur anatomique. On peut voir sur les Acridiens (3) les rudiments tuberculeux des stylets dont il est question ; dès lors ces deux pièces supérieures de l'armure ne peuvent être leurs analogues. C'est là une

(1) Voyez les planches relatives aux Acridiens. Dans l'*Acridium dux*, on trouve l'orifice de l'oviducte tout près et fixé par sa paroi inférieure à la plaque vers son échancrure médiane qui porte une sorte d'épine : la séparation entre l'armure et le vagin est donc très grande.

(2) Pl. III, fig. 4, 4'.

(3) Pl. III, fig. 1 P.

erreur des plus grandes, et elle se trouve développée; car, dit l'auteur dans un cas, ces pièces font partie intégrante du vagin, tandis que dans l'autre elles sont placées à côté de l'anus.

L'auteur compare ces pièces avec celles des Diptères, qui portent aussi un vagin bivalve; mais nulle part il ne touche les questions de savoir quels rapports ont l'oviscapte et le reste de l'abdomen, quelle est la valeur des pièces qui le composent.

Westwood. — Dans son ouvrage *sur la classification des Insectes*, cet auteur s'occupe de l'abdomen et des organes génitaux externes des familles que nous venons d'étudier. On n'y trouve pas la description générale ou particulière d'un oviscapte. La question qui semble avoir attiré son attention est celle qui a trait à la composition de l'abdomen; aussi entre-t-il dans quelques détails à propos de ses *Euplexoptera*, qui correspondent aux Forficulaires. Il dit (1) que l'oviscapte des *Gryllidæ* (nom que les entomologistes anglais donnent à nos Locustaires) est composé de plusieurs pièces aplaties variables pour la forme et la longueur, appliquées les unes contre les autres pendant le repos, mais que l'Insecte peut écarter pour permettre le passage d'un œuf entre elles. Dans les dessins qui précèdent l'histoire de cette famille (2), l'auteur représente les six éléments réunis ou séparés; quant à leurs relations, à leurs rapports avec les parties qui les supportent, il n'en est pas question; il note les deux appendices (*process*) voisins de l'anus. La question des analogies n'a pas été touchée.

Dans l'histoire des *Locustidæ*, qui correspondent à nos *Acridiens*, on trouve que les femelles sont dépourvues d'un oviscapte allongé et saillant, que le segment terminal du corps est muni de quatre appendices courts, coniques, cornés, qui représentent les parties de l'oviscapte des *Gryllidæ*. Dans la partie générale qui précède l'histoire des Orthoptères, on trouve encore (4) que les appendices qui terminent l'abdomen man-

(1) *On modern classification*, vol. I, p. 453.

(2) *Id.*, fig. 55-12.

(3) *Id.*, vol. I, p. 657.

(4) *Id.*, vol. I, p. 410.

quent dans les Locustides. Ici nous trouvons une comparaison sans démonstration : nous avons vu que le rapprochement entre les armures des Locustaires et des Acridiens était le plus difficile ; et peut-être les entomologistes qui s'occuperont de la question ne seront-ils pas d'accord avec nous sur la nature de cette apophyse musculaire. L'auteur ne donne pas les raisons qui le portent à admettre ces analogies ; toutefois les résultats auxquels nous sommes arrivé sont conformes à ceux formulés par M. Westwood, et l'appréciation portée par cet illustre entomologiste serait pour nous l'assurance que nous sommes dans le vrai ; mais il est un point qui n'est pas d'accord avec ce qui a été dit plus haut ; le segment terminal porterait l'armure, et serait dépourvu des soies (*process*) des appendices voisins de l'anus. Il a été démontré (1) que les éléments terminaux de l'abdomen, unis ensemble, formaient une pyramide en arrière de l'armure, que celle-ci était unie au neuvième anneau, et que les soies ou appendices étaient rudimentaires en forme de tubercules.

L'oviscapte des *Achetidæ* (*Grillioniens* des entomologistes français) est signalé dans les figures (2) ; il y est montré composé de quatre éléments, mais il n'est pas décrit. Pour les *Blattidæ* ou *Blattaires*, l'auteur, sans entrer dans plus de détails, nie qu'il existe un *forceps*, comme l'avait avancé M. Curtis (3). C'est un épaississement des membranes qui s'étend entre les appendices terminaux et qui retient ainsi la capsule (il est question de la Ponte). Ici se trouve une erreur que Curtis n'avait pas faite puisqu'il parlait d'un forceps ; bien certainement le mot était fautif, mais il indiquait que cet auteur avait aperçu l'armure. Ainsi non seulement il existe une armure niée par M. Westwood (*but the insect is furnished with no such instrument*), mais encore les membranes ne s'étendent pas entre les appendices terminaux.

On ne trouve aucun renseignement sur la famille des *Mantides ;* quant aux *Phasmides*, ce seraient les appendices terminaux qui, ayant pris la forme de plaques inarticulées, serviraient à

(1) Pl. XII, fig. 1, etc.

(2) *Loc. cit.*, fig. 54-1.

(3) *Id.*, p. 520.

déposer les œufs ; dans les espèces de l'Australie elles acquièrent une grande longueur (1). La figure qui accompagne le texte est identique avec celle qui a été donnée dans ce mémoire (2) ; elle montre au-dessus de la plaque sous-génitale les éléments de l'armure, et l'on ne comprend pas pourquoi l'auteur attribue le dépôt des œufs à ces longues folioles.

Restent enfin les *Forficulaires*, séparés des Orthoptères sous le nom de *Euplexoptera*. Ici l'auteur se livre à une discussion approfondie sur le nombre des segments, comme il les appelle, qui composent l'abdomen dans le mâle et dans la femelle. Il admet (3) que les deux stries (*two slight transverse impressions*), présentés par le dernier segment abdominal de la femelle, sont les représentants de deux segments bien développés chez le mâle. Aussi a-t-il, avec juste raison, rapporté au type primitif la composition de l'abdomen des Forficules. Quant aux pinces, il ne les compare pas aux filaments terminaux de l'abdomen ; il dit seulement qu'elles peuvent être un instrument d'attaque ou de défense.

En résumé, Westwood n'a pas étudié séparément l'armure des anneaux terminaux de l'abdomen ; aussi les a-t-il quelquefois confondus. Les descriptions qu'il donne sont fort incomplètes ; on n'y rencontre d'ailleurs aucune comparaison générale, aucune recherche touchant l'origine des pièces qui composent l'oviscapte.

M. Léon Dufour, dans son travail sur l'anatomie des Orthoptères (4), n'a donné aucune description de l'oviscapte des Sauterelles ; il décrit toutefois les pièces que l'on rencontre à l'extrémité de l'abdomen des femelles des Mantides. J'aurai l'occasion, à propos des Hémiptères, de faire voir que cet auteur cherche surtout à comparer les pièces copulatrices femelles aux parties génitales externes des animaux supérieurs ; aussi dit-il que les deux panneaux ou pièces latérales qui cachent la dernière plaque

(1) *Id.*, p. 431.
(2) *Id.*, fig. 53-7.
(3) *Loc. cit.*, vol. I, p. 402 et suiv.
(4) *Recueil des mémoires des savants étrangers*, 1841, t. VII, p. 365.

abdominale constituent les grandes lèvres. Il ajoute : « La paire la » plus intérieure des pièces copulatrices occupe le centre du fais- » ceau, et me paraît devoir remplir les fonctions d'un oviscapte. » C'est évidemment le sternite qui se trouve désigné dans cette description. Il devient dès lors manifeste que l'auteur n'a pas songé à comparer la totalité de l'armure de la Mante à l'oviscapte d'une Locustaire. Le peu de chose qui a été écrit sur le sujet qui nous occupe est très difficile à comprendre. Cette citation du travail de M. Léon Dufour en fournirait la preuve s'il était besoin, car on y trouve une seule pièce assimilée à un organe très complexe.

Il y a d'ailleurs dans ce travail quelques erreurs. La plaque sous-anale n'est pas la dernière de l'abdomen ; elle est la septième, et nous avons trouvé quatre zoonites après elle. L'oviducte s'ouvre à la face supérieure de cette plaque, et non entre les éléments de l'armure.

M. Léon Dufour a reconnu et décrit les pièces de l'armure des Mantes, sans les comparer aux autres armures de l'ordre : c'est à cela qu'il faut attribuer les quelques erreurs que je viens de citer.

EXPLICATION DES FIGURES.

PLANCHE X.

Fig. 1. Profil de l'abdomen du *Dicticus verrucivorus*, montrant le nombre de zoonites.

Fig. 2. Armure génitale femelle du *Dicticus verrucivorus ;* tous les éléments sont écartés. *b*, ennato-tergite (écaille anale) ; *c*, ennato-épimérite ; *i*, ennato-tergorhabdite (stylet) ; *f*, ennato-sternite (gorgeret) ; *dg*, supports et pièce triangulaire du sternite, qui servent à ses articulations avec les pièces latérales ; *a*,*a'*, ennato-épisternite et ennato-sterno-rhabdite confondus (écailles latérales, valves du fourreau). — Cette figure a pour but de montrer les éléments de l'armure et leur union ; toutes les pièces sont vues par le dos. J'emploie la même notation que pour les Hyménoptères, afin que, dans la comparaison des deux ordres, il soit plus facile de reconnaître les pièces analogues.

Fig. 3. Les mêmes pièces vues de profil : de plus, les rapports de l'oviducte *o* et du rectum R ont été conservés, ainsi que ceux des hogdo, décato, endécatourites, marqués 8^t, 8_s, 10^t, 11^t. — Cette figure donne une idée très exacte du mode d'union des pièces entre elles, et de l'armure avec le reste de l'abdomen ; elle montre aussi très bien ce que j'ai appelé zoonite *pré-anal* et *anal prégénital* et *postgénital*.

Fig. 4. Sternite (f), épisternite ($a\,a'$), épimérite (c), vus en dessous. — Cette figure a pour but de bien montrer les rapports des articulations du sternite avec les épisternites.

Fig. 5. Portion tergale de l'armure. L'épimérite (c), le tergo-rhabdite (i), le tergite (b). — Ces trois pièces dans la série des figures sont les plus faciles à comparer.

Fig. 6. Extrémité de l'oviscapte, vue par la face intérieure pour montrer les rapports d'assemblage des trois pièces qui composent la valve.

Fig. 6'. Coupe perpendiculaire à son axe de l'oviscapte, pour montrer le mode d'assemblage.

Fig. 7. Abdomen de la *Mantis tessellata*, dont les urites sont numérotés.

Fig. 8. Profil de l'armure génitale. — Cette figure montre les rapports intimes de l'hogdo-urite, noté 8_t, 8_s, avec l'armure. L'hogdo-sternite, que nous avons dit chevaucher, se remarque en avant de l'armure entre les extrémités antérieures des tergo-rhabdites.

Fig. 9. Épisternites isolés. a'' est l'arc de cercle corné qui unit les deux épisternites entre eux ; 8^s est l'hogdo-sternite vu de profil.

Fig. 10. Tergite, épimérites et tergo-rhabdites. En avant du tergo-rhabdite, on rencontre une pièce surnuméraire (o). — Les tergites 9, 8 sont conservés pour montrer leur union.

Fig. 11, 11'. Sternite vu de face et de côté, pour montrer la différence de sa forme avec celle des Locustaires ; k, partie articulaire qui le réunit aux épisternites.

Fig. 12. Abdomen de l'*Acrophylla chronus*. La plaque sous-anale a été écartée pour montrer la position de l'armure.

Fig. 13. Profil ensemble de l'armure dont les lettres font reconnaître les parties en f. J'ai marqué ce pli, qui a été reconnu comme rudiment du sternite.

Fig. 14. Épisternite et sterno-rhabdite.

Fig. 15. Tergite, épimérite, stergo-rhabdite.

PLANCHE XI.

Fig. 1. Abdomen de la *Blatta americana*.

Fig. 2. Armure génitale vue dans son ensemble ; les parties sont dans une position forcée, dans le but de montrer leurs rapports et leurs connexions. — Les pièces sont vues par le dos, deux tergites coupés ont été conservés pour montrer leur union avec l'armure. La notation me dispense d'entrer dans plus de détails.

Fig. 3. Tergite, épimérite et tergo-rhabdite.

Fig. 4. Épisternites réunis en une seule pièce ; sur la ligne médiane, on aperçoit une petite pièce triangulaire qui sert à leur articulation avec le sternite. — La partie (a) me paraît représenter l'épisternite proprement dit, et la partie (a') le sterno-rhabdite.

Fig. 5, 5'. Le sternite vu de face par le dos et de profil ; k est la partie osseuse qui s'articule avec les épisternites.

Fig. 6. Abdomen du *Grillus domesticus*.

Fig. 7. Partie terminale de l'abdomen.

Fig. 8. Pièces tergales séparées.

Fig. 9. Base du sternite; g, appendice triangulaire médian dorsal; h, arc antérieur unissant les deux supports d; d', apophyse d'articules des épimérites.

Fig. 10. *Idem*, vu de profil.

Fig. 11. Vue latérale de l'extrémité de la tarière du *Grillus domesticus*, pour montrer la forme et les dilatations des deux pièces qui la composent.

Fig. 12. Vue latérale de l'extrémité de la tarière de l'*Echantus pellucens*, pour montrer combien sont obtus le sternite et les dents qui le couvrent.

Fig. 13. Résumé théorique des rapports, de la composition, du nombre des parties de l'abdomen et de l'oviscapte. Les numéros et les lettres suffisent pour expliquer cette figure.

Fig. 14. Coupe théorique de l'armure la plus complète. — Locustaire.

Fig. 15. Coupe théorique de l'armure de l'Acridien ; l'épisternite est resté en dedans.

Fig. 16. Coupe théorique de l'armure du *Grillus*. — Absence des épisternites.

Fig. 17. Coupe théorique de l'armure de la Taupe-Grillon. — Absence des épisternites et des épimérites.

Fig. 18. Coupe latérale de l'armure d'un Forficule. — Absence des sternites, des épimérites, des épisternites.

PLANCHE XII.

Fig. 1. Abdomen du *Porthetis elephas*.

Fig. 2. Ensemble de l'armure ; les pièces assez écartées pour laisser voir les rapports de l'oviducte.— Ces lignes ponctuées indiquent la direction des muscles qui des épimérites (e) se rendent aux tergo-rhabdites (i) et aux épisternites ($a\,a'$).

Fig. 3. Armure, vue par sa face inférieure; ces tergo-rhabdites ont été enlevés.

Fig. 4, 4'. Les tergo-rhabdites, vus par leur face inférieure (4), montrent l'orifice de la glande sébifique et les trois pièces composantes ; vus par la face dorsale (4'), ils montrent une partie de la glande.

Fig. 5. Abdomen de la Taupe-Grillon.

Fig. 6. Terminaison de cet abdomen montrant le décato-urite simple, compose d'un tergite; l'ennato-urite ou prégénital également simple; l'endécato-urite est formé du sternite, du tergite et des rhabdites.

Fig. 7. Endécato-urite et décato-urite de la Taupe-Grillon. — On peut facilement voir ici les cinq pièces qui composent l'endécato-urite. Les deux antérieurs sont les représentants du sternite bifide. — Les deux longs filaments P, bien que s'articulant avec le décato-tergite, me paraissent être les endécato-épimérites ou endécato-rhabdites.

Fig. 8. Abdomen femelle de la Forficule auriculaire qui montre le proto-urite aussi développé que les autres.

Fig. 9. Huitième segment terminal de l'abdomen de la *Forficula auricularis*, vu par la face inférieure, et montrant (8^t, 9^t) les rudiments des hogdo-urites et ennato-urites unis au décato-tergite. La pièce quadrilatère placée entre les pinces est le tergite de l'endécato-urite; les pièces (n, n) sont les analogues des deux pièces que nous avons considérées dans la Taupe-Grillon comme étant le sternite divisé en deux. Les branches du forceps P sont les analogues des filaments que, dans la série des abdomens, on trouvera marqués P.

NOTE SUR L'EXISTENCE

DE

LA *TESTACELLA MAUGEI* (DE TÉNÉRIFFE) EN FRANCE,

Par M. Henri AUCAPITAINE.

Le genre *Testacella*, de Cuvier, représenté en France par le *C. haliotideus*, Lamk., a pour type la *C. Maugei* de l'île de Ténériffe, rapportée par Mauge, à qui elle fut dédiée par M. de Férussac. Cette espèce, jusque-là regardée comme spéciale aux Canaries (1), fut signalée par Sander Rang (*Manuel des Moll.*, p. 156) comme s'étant acclimatée dans le jardin botanique de Bristol, où elle s'était rapidement multipliée.

Il y a deux ans, elle fut rencontrée en assez grande abondance par M. d'Orbigny père, à l'obligeance bien connue duquel j'en dus plusieurs échantillons. Dans une lettre que j'eus occasion d'écrire à M. Guérin-

(1) Voyez Webb et Berthelot, *Mollusques des Canaries*, par M. Alcide d'Orbigny.

Menneville, je lui signalai le fait (voy. *Rev. zool.*, 1850). L'année suivante, j'ai eu occasion d'en recueillir quelques individus. C'est pendant les fraîches nuits d'automne que cette espèce sort des crevasses du terrain; je l'ai trouvée en compagnie de la *Test. haliotidea*, dont elle est bien distincte par ses caractères spécifiques; mais, quoique paraissant vivre ensemble, je n'ai jamais rencontré l'accouplement.

La présence de ce Mollusque sur nos côtes de France présente un exemple de plus de la reproduction des mêmes espèces dans les mêmes milieux de vie. Le climat brumeux et pluvieux des bords de la Charente et de Bristol offre de l'analogie avec celui de Ténériffe; cette espèce a pu aisément s'y propager. Mais comment, elle qui jusqu'à présent n'avait été signalée dans aucune de nos nombreuses faunes partielles, est-elle arrivée jusqu'à nous? Le port de la Rochelle n'a point d'arrivage des côtes d'Afrique : ce serait donc par un vaisseau de guerre du port de Rochefort qu'elle se serait répandue parmi nous? J'en doute beaucoup, surtout pour une espèce exclusivement terrestre.

Serait-ce que l'identité des circonstances vitales et la reproduction des mêmes milieux ambiants auraient donné lieu à une génération spontanée?

La découverte d'une espèce de plus pour la Faune française n'a certes pas un bien grand intérêt, si ce n'est un nom de plus au catalogue; mais quand cette espèce est exotique, très distincte de sa congénère européenne, ne doit-on pas y porter toute son attention d'observateur pour y chercher un document de plus aux lois de la géographie zoologique?

RECHERCHES ZOOLOGIQUES

SUR

LES URODÈLES DE FRANCE,

Par M. Alfred DUGÈS (1).

En esquissant ici l'histoire des Urodèles de France, je n'ai pas l'intention de faire un travail achevé, mais seulement de mettre au jour la classification que je crois la plus propre à rendre les véritables rapports de ces animaux entre eux. Je donnerai quelques détails utiles sur chaque espèce; mais je me bornerai aux remarques les plus nécessaires. Je ferai précéder ce petit travail de quelques généralités indispensables pour procéder avec ordre.

Généralités.

Ces reptiles sont, comme l'indique leur nom, pourvus d'une queue (οὐρὰ, *queue;* δῆλος, *apparent*) aplatie ou non, suivant leur genre de vie. Cependant cet aplatissement ne pouvait en rien servir de caractère, comme on a jusqu'ici essayé de le faire pour distinguer les vraies Salamandres d'avec les Tritons. En effet, ceux-ci n'offrent cette particularité qu'à l'époque des amours, et dans toutes les autres saisons, on les trouve dépourvus des crêtes ou nageoires qui élargissaient leur queue en haut et en bas, et portent une queue complétement arrondie, ou du moins très semblable à celle des Salamandres : j'ai souvent observé ce fait chez moi sur des centaines de Tritons de diverses espèces, et jamais quand ils avaient été privés de nager pendant plusieurs semaines, ils n'ont manqué de perdre le caractère offert par l'aplatissement de leur queue. L'époque où l'on trouve le reptile suffirait donc pour en faire une Salamandre ou un Triton; j'ai dû renoncer à me servir de cette particularité comme caractère fondamental.

(1) J'ai fait entrer dans la liste des espèces françaises toutes celles qui habitent le versant des Alpes et des Pyrénées qui regarde notre pays. Ces espèces se trouvent ailleurs que chez nous; mais toutes celles que j'ai décrites sont certainement indigènes.

Les dents ne m'offraient pas assez d'importance pour ériger leur disposition en caractère principal. Elles diffèrent entre les Salamandres et les Tritons; mais, outre que ceux-ci comptent des genres très différents ayant la même dentition, les Salamandres ont entre elles, sous ce rapport, une différence assez grande. De plus, ce caractère n'a pas, chez les Batraciens, l'importance qu'il acquiert chez les Mammifères et les Reptiles écailleux, par exemple, parce qu'il ne traduit plus des différences un peu grandes d'organisation. Ainsi, par exemple, vous trouverez les *Bufo vulgaris* à côté du *Bufo viridis*, et cependant le premier n'a pas de dents palatines, au lieu que le second a sur les os palatins des saillies osseuses encroûtées d'émail. J'ai encore abandonné ces caractères tirés des dents pour ne les appliquer qu'aux espèces.

Les caractères fondamentaux devaient donc se tirer de quelques particularités anatomiques constantes, invariables : c'est ce que m'offraient les *parotides*, visibles chez les Salamandres, nulles chez les vrais Tritons. Ce caractère ne manquait pas entièrement à certains *Tritons* des auteurs : en les examinant de près, je leur ai reconnu assez de différences pour les séparer des Tritons vrais et en faire un genre à part, les *Hemisalamandræ :* je les appelle demi-Salamandres parce qu'elles tiennent plus des Salamandres que des Tritons, sans cependant leur être semblables en tout.

Dans ceux qui manquent de parotides, je fais deux genres basés sur l'aspect extérieur de la peau : ceux à peau lisse sont les vrais Tritons; les autres sont les Hémitritons ou demi-Tritons, parce que, se rapprochant plus des Tritons que des Salamandres, ils ne sont pas entièrement semblables à eux.

Ces caractères un peu artificiels sont corroborés par une conformation particulière du crâne. En effet, les espèces dépourvues de parotides ont les côtés de la boîte osseuse qui enveloppe le cerveau sans proéminence, ou pourvus d'une épine peu allongée. Dans les espèces dépourvues de parotides, voici la disposition du crâne :

De la partie moyenne de chaque frontal naît une longue apophyse dirigée horizontalement en arrière et en dehors, et formant avec le crâne un angle d'environ 45 degrés. Sur une saillie angulaire formée par la réunion des deux crêtes du temporal, s'élève aussi une apophyse dirigée horizontalement en avant, et venant reprendre la première à angle très ouvert, pour former une sorte de pont osseux jeté du frontal au temporal : cet arc n'existe ni dans les Salamandres vraies ni dans les Hémisalamandres : on pourrait l'appeler *arcade* fronto-temporale (1).

Ainsi, ce caractère anatomique s'accordant avec les autres caractères extérieurs que j'avais d'abord choisis, et tous étant constants, j'ai pu en faire la base de ma classification.

Encore quelques mots pour terminer ces préliminaires. On a dit que les Salamandres ne criaient pas : je puis affirmer que toutes les espèces que j'ai eues vivantes font entendre une sorte de bruit court et sec, une sorte de gargouillement ayant, quoique très léger, le son du coassement des Anoures.

On a aussi, ce me semble, abusé des couleurs pour faire des espèces. Ici se rapporte une observation que je donnerai à l'occasion de l'*Hemitriton repandus*. Ainsi, le *Triton nycthemerus*, le *T. carnifex*, le *T. exiguus*, le *T. abdominalis*, etc., ne sont que des variétés d'autres espèces. Les couleurs varient beaucoup chez les Batraciens : ainsi, sans parler des variétés de coloration de la Raine verte, de la Grenouille rousse, etc., je possède une *Rana esculenta* entièrement noire, avec quelques taches un peu plus claires ; elle a vécu trois ans ainsi colorée, tant chez la personne de qui je la tiens que chez moi. Parmi les Tritons ponctués, dès que je les retirais de l'eau pour quelque temps, j'avais une foule de colorations diverses : les uns étaient blonds, sans taches ; les autres fauves ; celui-ci jaune, celui-là brun ou noir, ou livide : les uns avaient conservé leurs taches, d'autres les avaient perdues ; leur ventre devenait blanchâtre, jaune, et perdait quelquefois la couleur rouge du milieu. C'est parmi les petites femelles ainsi changées que j'ai retrouvé l'*abdominalis* de Latreille et l'*exiguus*, soit que ce fussent des Tritons ponctués, soit que ce fussent des Tritons palmipèdes.

Qu'il me soit permis, en terminant ces généralités, de remercier M. Duméril de la complaisance qu'il a mise à me communi-

(1) Il y a probablement ici absence de l'os jugal et connexion de l'apophyse zygomatique avec l'apophyse orbitaire externe du frontal.

quer les Reptiles du Muséum, ainsi que ses précieux manuscrits, après la lecture desquels j'ai eu du reste la satisfaction de reconnaître que je pouvais regarder comme m'étant tout à fait propre, et comme entièrement neuve, la classification que je propose.

	Caractères des 4 genres.	14 ESPÈCES.
SALAMANDRA.	Doigts 4-5, libres, courts; langue large, presque circulaire, légèrement échancrée en arrière, sur ses côtés, libre sur tout le bord latéral, demi-libre en arrière, fixée en avant; pas de saillie sur les os frontaux; yeux proéminents; un pli gulaire; parotides grandes, glanduleuses, bien délimitées; une glande sur l'angle de la mâchoire supérieure; queue presque ronde; corps à sillons circulaires; série double de cryptes sur le milieu du dos et de la queue; série de glandes composées sur les flancs et les côtés du bassin; quelques cryptes sur le derrière des jambes; peau lisse et glanduleuse, comme la peau d'une orange; dents voméro-palatines, dépassant en avant les orifices internes des narines; plantes des pieds lisse.	1. *S. corsica.* 2. *S. maculosa.* 3. *S. atra.*
HEMISALAMANDRA.	Doigts 4-5, libres, un peu allongés; langue presque circulaire, médiocrement grande, libre sur les côtés et un peu en arrière, fixée en avant; pas de saillie sur les os frontaux; yeux médiocrement saillants; pli gulaire; parotides très distinctes en arrière seulement, larges, très poreuses; queue aplatie au moment des amours, ronde, un peu comprimée dans les autres saisons; corps tout ridé, verruqueux, comme *spongieux* (Laurenti), couvert de pores; dents voméro-palatines, s'arrêtant sur la même ligne que les orifices internes des narines; plante des pieds rugueuse.	4. *H. marmorata.* 5. *H. cristata.*
HEMITRITON.	Doigts. 4-5, libres, un peu allongés; langue ovale, petite, libre sur les côtés, demi-libre en arrière, fixée en avant; crâne portant une sorte de pont osseux allant du frontal au temporal (voyez *Généralités* et *Figures*); yeux peu saillants; une dépression en avant de l'angle interne de l'œil jusqu'à la narine; pas de pli gulaire; pas de parotides; saillie latérale des os hyoïdes (voyez *Hem. cinereus*, Descr.); queue aplatie dans les amours; subcomprimée aux autres saisons; ordinairement pas de crête chez les mâles; corps semé d'aspérités aiguës, moins abondantes sous le ventre et la gorge; dents voméro-palatines, s'arrêtant un peu en arrière des orifices internes des narines; plante des pieds légèrement verruqueuse; le plus souvent cloaque ouvert au sommet d'un cône allongé.	6. *H. cinereus.* 7. *H. rugosus.* 8. *H. punctulatus.* 9. *H. Bibronii.* 10. *H. repandus.* 11. *H. alpestris.*
TRITON.	Doigts 4-5, pourvus d'une membrane; langue ovale, petite, libre sur les côtés seulement et un peu en arrière; crâne comme les Hémitritons; yeux peu saillants; pli gulaire très léger; pas de parotides; nulle saillie des hyoïdes; queue aplatie à l'époque des amours, presque ronde dans les autres saisons; corps sans pores, ni verrues, ni aspérités; une seule ligne de cryptes simples sur les flancs; dents voméro-palatines, s'arrêtant un peu en arrière des orifices internes des narines; plante des pieds verruqueuse.	12. *T. punctatus.* 13. *T. palmatus.* 14. *T. vittatus.*

Urodèles de France (4 GENRES) *Caractères spécifiques.* 14 ESPÈCES

Animaux à sang froid, sans écailles; anus longitudinalement fendu; quatre pattes; doigts 4-5; une queue; des dents aux deux mâchoires; pas de branchies ni de trou branchial chez l'adulte; des métamorphoses. **SALAMANDRIDES**, ayant

- Des parotides,
  - larges, bien formées, très glanduleuses; dents voméro-palatines, dépassant en avant l'orifice interne des narines; corps lisse à sillons circulaires; série double de pores sur le dos; glandules sur les flancs; crâne de forme ordinaire. . . . . . . **Salamandra**. . . . . . .
    - Dents voméro-palatines, en deux séries parallèles très rapprochées, terminées en avant par deux petites courbes formant un cercle. . . . . — 1. *Corsica.*
    - Dents voméro-palatines en fer à cheval rétréci dans ses extrémités postérieures libres. . . . — 2. *Maculosa.*
    - Dents voméro-palatines, en deux séries presque parallèles, arrondies en arc par leur partie antérieure. . . . . — 3. *Atra.*
  - Difficiles à délimiter, excepté en arrière; très poreuses; dents voméro-palatines s'arrêtant sur la même ligne que l'orifice interne des narines; corps ridé, verruqueux, couvert de pores; crâne ordinaire. . . . . **Hémisalamandra**. . . . .
    - Crâne large; dents en angle, à pointe antérieure, avec une apophyse des os frontaux. . . . . — 4. *Marmorata.*
    - Crâne allongé; dents en deux séries presque parallèles; pas de saillie latérale des os frontaux. — 5. *Cristata.*
- Point de parotides. Crâne ayant des saillies latérales de l'os frontal qui se dirigent en arrière en formant une sorte de pont, et viennent se souder sur le temporal. Dents voméro-palatines s'arrêtant un peu en arrière des orifices internes des narines.
  - Doigts libres; corps couvert d'aspérités. **Hémitriton**. .
    - très marquées.
      - Corps de couleur cendrée, ventre plus clair. . . — 6. *Cinereus.*
      - Corps brun foncé; ventre ardoisé foncé. . . . — 7. *Rugosus.*
      - Corps brun sur le dos, avec une bande sinueuse. .
        - quelquefois visible, souvent nulle; tête subglobuleuse. — 8. *Punctulatus.*
        - assez claire; tête plate . . — 9. *Bibronii.*
        - très claire; tête plate. . . — 10. *Repandus.*
    - peu marquées.
      - Dos bleuâtre; ventre orangé; une bande de points noirs sur les flancs et les mâchoires. . . . . — 11. *Alpestris.*
  - Doigts des pieds pourvus de membranes; corps lisse. **Triton** . . .
    - presque. . . .
      - Doigts de derrière simplement élargis par des membranes latérales; dos uni; une crête chez le mâle. . . . . — 12. *Punctatus.*
    - tout à fait . . .
      - Pieds de derrière palmés presque en entier; un filet au bout de la queue; trois saillies longitudinales sur le dos. . . . . — 13. *Palmatus.*
      - Doigts de derrière élargis par des membranes; une membrane au le bord interne de la jambe; une crête chez le mâle. . . . . — 14. *Vittatus.*

DESCRIPTION PARTICULIÈRE DES ESPÈCES.

1. SALAMANDRA CORSICA (Savi), Salamandre corse.

Caractères. — Dents en deux séries parallèles serrées, terminées en avant par un petit cercle : pour cela et pour le crâne, voir les figures (pl. 1, *B*, fig. 4, 5), ainsi que pour les espèces suivantes. Langue médiocrement large. Cette espèce est peut-être un peu moins trapue que la suivante ; elle est noire, tachetée de jaune.

Synonymie. — *S. corsica* (Savi, Bonaparte), *S. moncherina* (Bonaparte).

Formes. — Tête aussi large que longue. Le prince Ch. Bonaparte, dans sa *Fauna italica*, lui donne des parotides moins allongées que celles de la *S. maculosa.* Ce caractère est positif; il n'en est pas de même de celui qu'il tire des doigts du membre postérieur. Les doigts latéraux, et surtout le pouce, sont, dit ce naturaliste, *appena rudimentarii e quasi moncheriji.* Dans le seul individu qu'il m'a été donné d'examiner, j'ai bien retrouvé cette particularité ; mais je l'avais déjà vue dans une *S. maculosa.* Du reste, l'excellent article du prince de Canino est, jusqu'ici, la meilleure source à consulter pour l'histoire de cette espèce.

Coloration. — Celle que j'ai sous les yeux est entièrement noire sur les parties supérieures, brun foncé sous le ventre ; une tache jaune sur le chanfrein, une sur chaque œil et sur chaque parotide, une autre entre les quatre dernières; enfin une sur chaque commissure des lèvres. Le dos, le dessus des membres et de la queue, portent des taches peu larges, jaunes, irrégulièrement semées ; elles sont beaucoup moins larges sur les parties inférieures.

Dimensions. — Tête, 0,028 ; tronc, 0,077 ; queue, 0,080. = Total : 0,185.

Patrie et mœurs. — Celle dont je donne ici la description vient de Corse, où on la trouve dans les rochers, comme le dit le prince Bonaparte. Il paraît qu'on l'y nomme *Cane montile :* elle est probablement vivipare.

Remarques. — La bonne figure qui a été donnée dans la *Faune italienne* (pl. 85-1) est la seule que je connaisse de ce reptile qui, du reste, n'offre au premier abord aucune différence tranchée avec la *S. maculosa*.

2. Salamandra maculosa (Laurent.), Salamandre terrestre (Lacépède).

Caractères. — Crâne figuré (pl. 1, *B*, fig. 6, 7); dents en fer à cheval rétréci en arrière, ou plutôt en forme de lyre renversée; corps noir sur les parties supérieures, brun rouge sous le ventre, semé de taches jaunes; tête un peu plus longue que large; parotides plus longues que larges; langue large, subcirculaire.

Synonymie. — S. terrestre (Maupertuis, Lacépède, Gachet, Latr., Dugès), S. commune (Cuv.), *Lacerta Salamandra* (Gmelin, Linn.), *S. maculosa* (Cuv., Gray, Bonap., Fitz., Wagler, Funcke, Laurenti), *S. terrestris* (Wurfbain, Latr., Ray, Bonatterre, Schneid., Lacép., Daud.), *S. maculata* (Schinz, Risso, Mer.), *S. pezzata* (Bonaparte).

Formes. — Trapue; membres courts, doigts courts et renflés; tête assez aplatie, yeux saillants; queue arrondie; corps lisse avec des bourrelets circulaires séparés entre eux par des sillons. Pour le reste, voir les tableaux ainsi que dans les autres articles, le texte ajouté ne servant qu'à compléter ces synopsis.

Coloration. — Les parties supérieures sont d'un noir profond; le plus souvent, on y remarque une bande latérale quelquefois interrompue, partie de l'angle de l'œil, passant sur les yeux, traversant les parotides, les côtés du cou, le flanc, les côtés du bassin ou de la queue, où elle se rompt en deux ou trois taches. Quelques taches jaunes sur les membres et sous la gorge en avant.

Dimensions. — Tête, 0,027; tronc, 0,075; queue, 0,065 = 0,167.

Patrie et mœurs. — On la trouve dans toute la France, surtout dans la Normandie, la Picardie et quelques provinces du sud-ouest de la France. Elle vit à terre sous les pierres humides, et ne va à l'eau que pour déposer ses larves au nombre d'une dizaine, noirâtres et longues d'environ 0,05.

Remarques. — La couleur que j'ai décrite est la plus ordinaire;

mais, chez les vieilles Salamandres surtout, on en trouve beaucoup où le jaune semble devenir la couleur du fond : il y en a qui sont presque entièrement de cette couleur, excepté quelques traînées irrégulières noires sur les flancs et le dos ; quelquefois les taches sont fort irrégulières et en dehors de toute description possible. La larve un peu grande est d'un gris clair taché de brun, à ventre pâle. Une bonne figure (Bonap., *Faun. ital.*, pl. 24, 1 ; Rœsel, *Ran. nostrat. in frontisp.* ; Cuv., édit. 1836, pl. 40, 1 ; Latr., *Salamandre de France*, pl. 1).

3. SALAMANDRA ATRA (Laur.), Salamandre noire.

Caractères. — Crâne figuré (pl. 1, fig. 8, 9) ; dents en deux séries, un peu écartées en avant pour former un arc, presque parallèles en arrière ; corps un peu moins trapu que les précédentes. Les glandes latérales sont oblongues, placées sur chaque renflement circulaire, et percées de deux ou trois orifices ; corps noir.

Synonymie. — *S. atra* (Laur., Schinz, Bonap., Bonat., Merrem, Daud., Schn., Cuv., Fitz., Wagler), *Lac. Salam.* var. β (Gmelin), *S. nera* (Bonap.), *S. nigra* (Gray).

Formes. — Cette espèce, plus petite que les précédentes, est plus allongée ; les parotides sont mieux limitées, et le dessous de la gorge est granulé ainsi que les flancs.

Coloration. — D'un noir tirant tantôt sur le bleu, tantôt sur le roux, quelquefois très pur ; en général, un peu moins foncé sous le ventre.

Dimensions. — Tête, 0,021 ; tronc, 0,050 (1) ; queue, 0,052 = 0,123.

Patrie et mœurs. — Près de Metz, aux Alpes. Elle est terrestre et probablement vivipare.

Remarques. — La *S. fusca* (Laurenti) des Alpes est sans doute une *Atra* plus brune et en moins bonne santé. Une bonne figure

(1) Je ferai observer que la longueur du tronc est prise à partir d'une ligne qui passerait par le bord postérieur des parotides jusqu'à la partie postérieure du bassin, c'est-à-dire jusqu'à une ligne qui passerait un peu en arrière des deux articulations coxo-fémorales.

dans la *Fauna italica*, pl. 84, fig. 2, et dans l'ouvrage de Laurenti (1); Guérin, *Iconogr. Règn. anim.*, Rept., pl. 28.

4. HEMISALAMANDRA MARMORATA (Hémisalamandre marbrée).

Caractères. — Dents en angle ouvert en arrière; crâne figuré (pl. 1, fig. 10, 11); tête presque aussi large que longue; parotides saillantes en arrière; dos brun marbré de vert; ventre brun piqueté de blanc. Chez le mâle en amour, une crête.

Synonymie. — *S. marmorata* (Daud., Latr., Cuv.), *Triton Gesneri* (Laur., Schn.), *Molg. alpestris?* (Merrem), *Triton marmoratus* (Schniz, Gray), *S. marbrée* (Latr., Cuv., Dugès).

Formes. — Tête assez aplatie, plus large que la suivante, et corps plus trapu, moins cependant que les Salamandres; membres médiocrement longs, doigts libres, très légèrement aplatis; queue comprimée chez les individus en noces (arrondie en hiver), portant une crête peu élevée. Le dos du mâle pourvu aussi d'une crête basse ayant environ 2 millimètres de hauteur, naissant à la nuque. Chez la femelle, point de crête; la place en est plutôt déprimée.

Coloration. — Cette espèce est d'un brun roux foncé; toutes les parties supérieures sont marbrées de larges taches irrégulières, confluentes, d'un vert ordinairement assez vif, semées de petites verrues brunes. Les parties inférieures sont pointillées de blanc, quelquefois claires avec de larges taches brunes. Les flancs et les côtés de la queue sont pareils au dos. La femelle a, à partir de la nuque jusqu'à l'extrémité de la queue, une longue raie jaunâtre, comme la tranche inférieure de la queue. La crête du mâle est marquée de taches alternatives pâles et brunes. Je crois me rappeler en avoir pris un dont la crête était grande et rouge de feu.

Dimensions. — Tête, 0,025; tronc, 0,054; queue, 0,075 = 0,154.

Patrie et mœurs. — Habite toute la France, surtout le midi.

(1) Je ne donne que les figures bonnes que je connais. Il y a plusieurs Iconographies des Urodèles, mais beaucoup sont trop mauvaises pour pouvoir être citées.

La femelle pond un à un ses œufs, qu'elle colle dans l'angle d'une feuille aquatique pliée en deux avec ses pieds de derrière, et rapprochée par eux du cloaque. Quand elles manquent de feuilles, elles les déposent sur le premier corps venu; elles passent dans l'eau le printemps et l'été comme les suivantes.

Remarques. — En hiver, la crête du mâle se résorbe, la queue s'arrondit, et l'animal hiverne dans des trous ou sous des pierres ou sous des écorces d'arbres. En été, on les trouve dans l'eau, les mâles loin des bords. Le petit ressemble à l'adulte, mais à couleurs plus claires. Les femelles pondent souvent en captivité des œufs féconds, après avoir été séparées des mâles depuis plusieurs jours, et mises dans une eau où n'a séjourné aucun autre individu de leur espèce.

Il est évident qu'ici la fécondation a eu lieu intérieurement, résultat qui confirme les belles observations de Rusconi sur les *S. cristata*.

Je dois une grande partie de ces détails à un naturaliste zélé de Montpellier, M. Westphal-Castelnau, qui a bien voulu me faire part des observations que lui a fournies sa rare sagacité (1).

Latreille (*Sal. Fr.*, pl. 3) donne la figure d'un mâle; il me semble qu'il a un peu exagéré la hauteur de la crête.

5. Hemisalamandra cristata (Hémisalamandre à crête).

Caractères. — Dents et crâne figurés (pl. 1, fig. 12, 13); tête allongée, pas trop déprimée; corps arrondi; doigts légèrement déprimés. Une grande crête découpée en dentelures profondes chez le mâle en amour.

Synonymie. — *S. cristata* (Schneid., Latr., Cuv.), *S. crêtée* (Dugès, Cuv., Latr.), *Lacerta lacustris* (Blumenbach, Gmelin), *S. carnifex* et *S. pruinata* (Schneid.), *Molge palustris* (Mer.), *S. à queue plate* (Lacép.), *Triton cristatus* (Gray, Rusconi, Laur., Fitz.), *T. carnifex* (Laur., Schneid.), *Lacerta palustris* (Laur., Linn., Gmel.), *Lacerta aquatica* α (Gmel.), *Lacerta porosa* (Retz.).

(1) On trouvera d'excelients renseignements dans un article de M. Gachet, publié dans les *Ann. de la Soc. Linn. de Bordeaux*, vol. V, p. 292.

S. laticauda (Bonat.), *S. platyura* (Daub.), *Triton Bibronii* (Bell.), *Tritone crestuto* (Bonaparte), *S. cauda plana* (Lacép.).

Formes. — Tête assez uniformément arrondie, longue; corps assez élancé; crête du mâle en noces, grande, profondément laciniée, allant jusqu'au bout de la queue. Une lame membraneuse sous la queue. Femelle sans aucune crête.

Coloration. — Dessus du corps d'un brun roux, avec de larges taches noires, arrondies; ventre jaune vif ou orangé, avec des taches noires arrondies, qui souvent n'occupent que les parties latérales, en laissant au milieu une bande jaune; gorge, dessous des pieds jaunâtres, tachetés quelquefois; une grande quantité de points blancs sur les flancs, les joues, quelquefois la gorge et la queue. Chez les femelles, la tranche inférieure de la queue est jaune. Chez les mâles, un blanc vif décore cette portion, et s'étend sur le reste de la queue presque jusqu'à la base de cet organe : crête brune, doigts annelés.

Dimensions. — Tête, 0,020; tronc, 0,058; queue, 0,077 = 0,155.

Patrie et mœurs. — Commune dans le nord de la France: aquatique. Elle pond ses œufs comme l'*H. marmorata*.

Remarques. — Il y a une grande variété dans la coloration de cette Hémisalamandre : on en trouve qui sont d'un noir vert avec des taches plus foncées, et dont le jaune du ventre est presque caché sous des taches noires; ces individus offrent le pointillé blanc des flancs bien plus vif que les autres. Hors de l'eau, ces Urodèles perdent leurs membranes dorsale et caudale. Leur queue s'arrondit. Il est probable que c'est une jeune *Cristata* qui a servi à former le *T. carnifex* de Laurenti et Schneider.

Une bonne figure dans le Cuvier illustré, édit. 1836, pl. 40, fig. 2; Bonap., *F. ital.*, ♂ et ♀; Latr., *S. Fr.*, pl. 3, le mâle.

6. Hemitriton cinereus (Hémitriton cendré).

Caractères. — Dents et crâne figurés (pl. 1, fig. 14, 15); dessus du corps gris brun, semé d'aspérités plus foncées; ventre et gorge gris clair; bout des doigts noir.

Synonymie. — *Triton cendré, T. cinereus* (Duméril).

Formes. — Tête aplatie, large, surtout au niveau des yeux ; museau tronqué ; saillie latérale de l'hyoïde très prononcée ; queue grosse, forte, un peu aplatie ; un petit tubercule au bord cubital des quatre pieds.

Coloration. — Gris brun assez clair en dessus, avec des aspérités plus foncées ; gorge blanchâtre, semée de petits points grisâtres ; ventre gris clair, semé de petites taches irrégulières un peu plus foncées.

Dimensions. — Tête, 0,020 ; tronc, 0,042 ; queue, 0,050 = 0,112.

Patrie et mœurs. — Rapporté des Pyrénées par M. Bibron ; mœurs inconnues, ainsi que les nos 7, 8, 9 et 10.

Remarques. — Les saillies assez aiguës quelquefois, que l'on remarque sur les côtés de la tête au commencement du cou, et qui pourraient faire croire à l'existence des parotides, sont dues à l'avancement des extrémités des os hyoïdes : c'est la deuxième pièce de la corne thyroïdienne qui se prolonge en arrière, et n'est plus revêtue que par la peau et les extrémités des muscles moteurs de l'hyoïde.

Cette espèce n'a jamais été figurée ni publiée.

7. Hemitriton rugosus (Hémitriton rugueux).

Caractères. — Crâne et dents figurés (pl. 1, fig. 16, 17) ; dessus du corps d'un brun foncé ; ongles pâles ; ventre brun, un peu plus clair que le dos ; gorge blanche.

Synonymie. — *T. rugueux, T. rugosus* (Duméril).

Formes. — Museau tronqué ; tête plate, un peu allongée ; saillies hyoïdiennes ; doigts médiocrement longs ; queue aplatie, arrondie à la base et comme étranglée ; un petit tubercule au bord cubital des mains.

Coloration. — Toutes les parties supérieures sont d'un brun foncé, hérissées d'aspérités très fortes, surtout à la queue ; doigts unicolores ; gorge blanchâtre ; parties inférieures d'un gris ardoisé un peu plus claires que le dos, et semées de petites taches irrégulières plus pâles que le fond.

Dimensions. — Tête, 0,016 ; tronc, 0,041 ; queue, 0,047 = 0,104.

Patrie inconnue, probablement des Pyrénées ; mœurs inconnues. Sa queue, aplatie dans sa plus grande longueur, le ferait supposer aquatique et sans doute ovipare.

Remarques. — Le seul exemplaire qui existe au Muséum, et d'après lequel est faite cette description, n'a jamais été figuré ni publié.

8. Hemitriton punctulatus (Hémitriton poncticulé).

(Pl. 1, *B*, fig. 3.)

Caractères. — Crâne et dents figurés (pl. 1, fig. 18) ; bout des doigts noirs ; lèvres du cloaque ordinairement prolongées en cône, au sommet duquel est l'ouverture ; queue assez arrondie, quoique plus haute qu'épaisse ; tête un peu bombée en arrière.

Synonymie. — *T. poncticulé*, *T. puncticulatus* (Duméril).

Formes. — La tête de cet Hémitriton est moins aplatie que celle des autres, subglobuleuse et un peu renflée en arrière sur l'occiput ; saillie des hyoïdes ; museau tronqué ; corps couvert de petites aspérités ; ouverture cloacale le plus souvent placée à l'extrémité d'un cône allongé ; queue assez comprimée.

Coloration. — Brun foncé, ventre grisâtre tacheté ; anus, dessous de la queue et gorge de couleur claire ; ou bien dos brun clair avec une bande blanchâtre s'étendant de la nuque au bout de la queue ; queue, ventre et gorge clair-semés de petites taches brunes.

Dimensions. — Tête, 0,018 ; tronc, 0,041 ; queue, 0,050 = 0,109.

Patrie et mœurs. — Se trouve aux Eaux-Bonnes (Pyrénées) : est aquatique et probablement ovipare.

Remarques. — Ils sont difficiles à bien différencier des *Bibronii*, à cause de la ligne que portent quelques individus. Parmi ceux qui n'ont pas ce caractère, beaucoup se rapprochent du *Cinereus*, quelques uns du *Rugosus* (voy. n° 10). Non encore figuré ni publié. Celui que j'ai dessiné d'après un individu rapporté par M. Bibron porte précisément une bande dorsale (pl. 1, fig. 1, 2, 3).

9. Hemitriton Bibronii (Hémitriton de Bibron).

Caractères. — Dents et crâne figurés (pl. 1, fig. 19, 20); dos brun foncé, avec une bande sinueuse interrompue de temps à autre, allant jusqu'à l'extrémité de la queue et piquetée de noir; aspérités noires sur le dos; ventre clair ainsi que le dessous de la queue; bout des doigts noir.

Synonymie. — *T. Bibronii*, *T. de Bibron* (Duméril).

Formes et coloration. — Museau tronqué en avant; tête aplatie, assez large, avec saillies de l'hyoïde; tronc assez allongé, brun, avec une bande claire sur le milieu. La couleur de la face supérieure des membres et celle du dos est brune annelée de jaune sur les doigts; celle de la face inférieure est claire; le bout des doigts noirs; pas de tubercules aux mains ni aux pieds; cloaque quelquefois allongé en cône; ventre et gorge clairs, peut-être jaunes durant la vie, ainsi que la bande dorsale, la tranche inférieure de la queue et le dessous des membres; queue assez comprimée.

Dimensions. — Tête, 0,016; tronc, 0,042; queue, 0,052 = 0,110.

Patrie et mœurs. — Vient des Pyrénées; il est aquatique et probablement ovipare.

Remarques. — Non figuré ni publié.

10. Hemitriton asper, Nobis (Hémitriton rude).

Caractères. — Dents et crâne figurés (pl. 1, fig. 21, 22); dos brun foncé, marqué d'une bande claire continue, à bords vivement arrêtés, s'étendant jusqu'au bout de la queue; gorge, ventre et dessous de la queue fauve clair, sans taches. Les parties supérieures semées de nombreuses aspérités brunes.

Synonymie. — *T. recourbé*, *T. repandus* (Duméril et Valenciennes). Ce nom indique la bande dorsale semblable à un cours d'eau qui rampe.

Formes. — La tête un peu allongée, aplatie, offre un museau mousse, comme tronqué. Les doigts sont tous libres et médiocrement longs. La queue subcomprimée est marquée, comme le milieu du dos, d'une bande qui paraît avoir été jaune durant la vie, et que distinguent une foule de points noirs produits par les aspérités du corps. Les membres, clairs en dessous, foncés en dessus, ont sur les doigts des anneaux plus clairs, et leur extrémité participe quelquefois à cette teinte ; saillie des hyoïdes bien prononcée. Les deux lèvres du cloaque (on sait qu'elles sont formées par la saillie de deux prostates supplémentaires) aplaties chez les deux que j'ai observés.

Coloration. — Brun foncé sur le dos et les flancs ; le ventre est plus clair, et semble indiquer une coloration fauve assez intense, ainsi que le dessous de la queue. Un des deux individus du Muséum a sur les flancs trois ou quatre taches arrondies, de la couleur de la bande dorsale, et quelques points clairs sur le corps ; mais l'épiderme est en assez mauvais état, et fait peut-être à lui seul les frais de cette variété.

Dimensions. — Tête, 0,015 ; tronc, 0,035 ; queue, 0,043 = 0,093.

Patrie et mœurs. — Trouvé aux Eaux-Bonnes ; aquatique et probablement ovipare.

Remarques. — Les Hémitritons désignés sous les nos 6, 7, 8, 9 et 10 sont tous nouveaux ; ils sont fort semblables entre eux. Je les ai décrits comme ils sont rangés dans les galeries du Muséum. Mais si l'on compare attentivement entre elles ces diverses espèces, on verra parmi les *Bibronii* bien des analogies avec les *Repandus.* Dans les *Punctulatus*, on en rencontre de presque identiques avec les *Bibronii* et *Cinereus*, et même avec le *Rugosus.* On trouve les intermédiaires, et la transition des uns aux autres est des plus simples. Dans tous les cas, ces espèces ne diffèrent essentiellement que par leurs couleurs : est-ce là un caractère suffisant pour empêcher de les fondre en une seule? Malgré l'imposante autorité d'un auteur comme M. Duméril, je pense que non, et qu'il faudrait de toutes ces espèces n'en faire qu'une seule avec des variétés assez nombreuses. On donnerait à cette espèce le nom d'*Hemitriton asper*, *H. rude*, qui traduit l'un des caractères les plus tranchés, et on lui donnerait pour type celui qui fait le sujet de cet article.

Pas de figure.

11. Hemitriton alpestris (Hémitriton des Alpes).

Caractères. — Dents et crâne figurés (pl. 1, fig. 23, 24); museau arrondi, tête peu aplatie; corps à rugosités peu marquées; une série de points petits et serrés sur les flancs; queue comprimée.

Synonymie. — *S. rubri ventris* (Daud.), *S. alpestris* (Cuv., Schn., Bechst.), *Molge alpestris* (Merrem.), *T. alpestris* (Gray, Laur.), *T. salamandroides* (Laur., Wurfb.), *T. Wurfbainii* (Schinz.), *S. cincta, ceinturée* (Latr.), *S. à flancs tachetés* (Cuv., Bechstein), *T. nycthemerus* (Michaelles).

Formes. — Cet Hémitriton, un peu plus trapu que les précédents, se distingue par sa tête moins aplatie, à museau presque arrondi; les doigts libres sont légèrement aplatis aux pieds de derrière. Le mâle en amour porte une petite crête et une membrane au-dessus et au-dessous de la queue, qui est comprimée.

Coloration. — Le dessus du corps est d'un gris brun plus ou moins foncé, un peu plus clair sur les membres; les flancs sont d'un beau bleu ardoisé; le ventre d'un jaune orangé très vif, ainsi que le dessous de la queue, l'anus, le dessous des pieds et la gorge. Des points noirs, petits et serrés, forment une bande sur le bleu des flancs, et couvrent les mâchoires, les joues, le *canthus rostralis* et les pattes. La crête est tachetée alternativement de jaune et de brun, brune sur la queue. Quelquefois ils ont le dos d'un brun uniforme, le ventre orangé et quelques points rares sur les flancs : ceux-ci participent de la couleur du dos et de celle du ventre.

Dimensions. — Tête, 0,016 : tronc, 0,039; queue, 0,046 = 0,101.

Patrie et mœurs. — Se trouve à Abbeville, aux Alpes, dans le département de l'Aube; aquatique, probablement ovipare.

Remarques. — Wurfbain l'a le premier clairement décrite. Je crois que c'est à cette espèce, et non pas à la marbrée ou à la crêtée qu'il faut rapporter le *Triton nycthemerus* de Michaelles. Cet Hémitriton, le seul d'entre ses congénères, a quelques granulations parotidiennes et un crâne qui le rapprochent des Hémisalamandres ; mais d'autres caractères plus nombreux le rapprochant des Tritons : j'ai préféré le placer à côté d'eux, sans cependant être très éloigné de le placer après les Hémisalamandres et en tête des Hémitritons (Bonaparte, *Fauna italica*, pl. 85 *bis*, fig. 2 et 3).

12. TRITON PUNCTATUS (Fitz.), Triton ponctué.

Caractères. — Dents et crâne figurés (pl. 1, fig. 25, 26). Le crâne n'a qu'une apophyse frontale dirigée en arrière et en dehors. L'apophyse temporale, qui doit terminer le pont osseux, est remplacée par un cordon tendineux ; pieds de derrière à doigts aplatis, mais libres ; queue entière à son extrémité ; sur les côtés de la tête et le *canthus rostralis*, une bande de petits cryptes, ainsi que sur la région postéro-latérale de la tête ; dos uni.

Synonymie. — *S. punctata* (Daud., Latr., Cuv.), *S. ponctuée* (Latr., Cuv.), *Molge punctata* et *M. cinerea* (Merrem.), *T. palustris* (Schn., Laur.), *S. abdominalis, S. abdominale* (Latr.), *T. lobatus* (Schinz, Bonap.), *T. punctatus* (Fitz.), *Lophinus punctatus* (Gray), *T. punteggiato* (Bonap.).

Formes. — Tête arrondie, un peu allongée ; museau rond ; doigts de derrière aplatis en forme de palettes ; queue comprimée à l'époque des amours. Chez le mâle, une grande crête légèrement festonnée, s'étendant du milieu du crâne au bout de la queue ; en dessous de la queue, une crête large ; bout de la queue entier.

Coloration. — Le dessus du corps d'un brun verdâtre, semé de larges taches noires, arrondies, ainsi que les côtés de la queue ; crête alternativement noire et grise ; ventre d'un beau jaune clair sur les côtés, portant dans son milieu une bande plus ou moins large d'un rouge orangé souvent vermillon, et couvert de larges taches noires rondes ; gorge *idem*. Les membres plus clairs que le corps ; sur le crâne, trois lignes brunes entre les yeux ; une autre allant du bout du museau au cou en traversant l'œil ; mâchoires brunes.

Dimensions. — Tête, 0,013 ; tronc, 0,040 ; queue, 0,050 = 0,103.

Patrie et mœurs. — Nord de la France surtout; aquatique, ovipare.

Remarques. — L'*Abdominalis* de Latreille n'est qu'un *Punctatus.* On trouve ce Reptile à Paris, où le *Punctatus* est très commun; tandis qu'à Montpellier où il est rare, et le *Palmatus* commun, on trouve souvent l'*Exiguus.* Il faudrait en conclure que l'*Exiguus* est un jeune *Palmatus*, et l'*Abdominalis* le jeune ou la femelle du *Punctatus.* La figure de Latreille représente bien certainement un Ponctué femelle (pl. 5, fig. 4, *a*, *b*, *c*).

Hors de l'eau, ce Triton perd ses membranes, et sa queue s'arrondit. Alors se présente une grande variété de couleurs : les uns sont fauves, d'autres isabelle; celui-ci gris olivâtre, celui-là presque noir, et l'on retrouve fréquemment l'*Abdominalis*, surtout par les femelles.

Bonaparte, *Fauna italica*, fig. 83-4; Latreille, *S. Fr.*, pl. 6; Laurenti, une figure sous le nom de *Palustris.*

13. Triton palmatus (Schinz), Triton palmipède.

Caractères. — Dents et crâne figurés (pl. 1, fig. 27, 28); dos portant trois lignes saillantes, très prononcées chez les mâles; pieds de derrière largement lobés, ou plutôt palmés, à profondes déchiquetures; un filet au bout de la queue.

Synonymie. — *T. parisinus* (Laurenti), *S. exigua* (Laur.), *S. tæniata?* (Schn.), *Molge palmata* (Mer.), *S. helvetica* (Razowmousky), *Lophinus palmatus* (Gray), *S. elegans* (Daud.), *T. palmatus* (Schinz), *S. palmata* (Schn., Cuv.), *S. palmipède* (Dugès, Cuv., Latr.), *S. palmipes* (Latr.), *T. palmipes*, petite Salamandre (Rusconi).

Formes. — Ce Triton, assez semblable au précédent dans sa jeunesse, et dans le sexe féminin, hors l'époque des amours, a la tête de même forme. Sur le dos du mâle en amour, sont trois petites crêtes saillantes terminées en larges membranes sur une queue aplatie, et pourvue en dessous d'une autre membrane : ces deux membranes s'arrêtent brusquement à une certaine distance du bout de la queue, et l'axe de celle-ci se continuant, il en résulte une sorte de fouet assez caractéristique ; les pieds de derrière sont presque entièrement palmés.

Coloration. — Dessus du corps brun fauve ou verdâtre, semé de taches noires médiocrement grandes ; bords de la queue marquetés de taches rondes, noires. Dessus de la tête vermiculé finement de noir ; pieds bruns ; ventre et gorge d'un blanc jaunâtre, ou rouges.

Dimensions. — Tête, 0,013 ; tronc, 0,034 ; queue, 0,040 = 0,087.

Patrie et mœurs. — Se trouve dans toute la France. La femelle pond ses œufs un à un dans un brin d'herbe aquatique qu'elle plie en deux. En captivité, et sans herbes, elle les laisse rouler libres dans l'eau.

Remarques. — Voy. *T. punctatus* pour la synonymie d'*Exiguus.* Les ***Palmatus*** du Nord ressemblent bien plus aux *Punctatus* que ceux du Midi, sous le rapport des couleurs. J'ai toujours trouvé à Montpellier ces Tritons olivâtres ou fauves, à ventre jaune clair ou blanchâtre, et je ne l'ai vu rouge que chez les jeunes (*Exiguus*), tandis qu'à Paris leurs couleurs sont celles des Ponctués.

Bonaparte, *Fauna ital.*, fig. 85 *bis*, 6 ; Latr., *S. Fr.*, pl. 6 ; Rusconi, *Amours des Salamandres* excellente figure ♂ et ♀.

14. TRITON VITTATUS (Valenciennes), Triton à bande (Dum.).

Caractères. — Dents et crâne figurés (pl. 1, fig. 29, 30). Le caractère de coloration qui l'a fait nommer *vittatus* est une bande blanche brillante, étendue de l'aisselle à l'extrémité de la queue, où elle brunit un peu en passant au-dessus de la hanche. A l'époque des amours, le mâle porte une grande crête qui va de la partie moyenne de la tête au bout de la queue ; celle-ci amincie en crête en dessous. Pieds de derrière à doigts un peu lobés ; bord interne de la jambe pourvu d'une expansion membraneuse semblable à la crête dorsale; un tubercule sur le bord cubital des mains.

Synonymie. — *T. vittatus* (Valenc.); *Ommatotriton vittatus* (Gray), *T. à bande* (Duméril).

Formes. — Le corps est élégamment proportionné; la tête, moins plate que dans les autres Urodèles, est arrondie ; le corps, gris ardoisé sur le dos et jaune sous le ventre, est marqué, ainsi que la tête, de nombreuses taches noires arrondies, plus nombreuses à la face supérieure que sous le ventre ; un ruban noir, irrégulièrement festonné sur ses bords, limite chaque côté de la bande blanche déjà mentionnée : celle-ci s'étend quelquefois jusqu'à la commissure des lèvres. La crête est marquée de taches alternativement noires et blanches, se confondant à l'extrémité de la queue ; les pattes, claires en dessous et peu variées, sont de la couleur du dos à leur face supérieure ; doigts des mains libres et grêles ; ceux des pieds déjà décrits ; queue aplatie en forme de lame.

Coloration. — J'ai dit que le dos est gris ardoisé et le ventre jaune ou rouge. Cette remarque est due à M. Duméril, qui a vu ces reptiles vivants, et a noté dans ses manuscrits la coloration de ces parties.

Dimensions. — Tête, 0,013 ; tronc, 0,043 ; queue, 0,056 = 0,112.

Patrie et mœurs. — Ce Triton se trouve dans les provinces du Nord, à Anvers, à Chessy ; à Toul, d'où M. Valenciennes a rapporté le premier qu'ait possédé le Muséum ; aquatique, ovipare.

Remarques. — La seule figure que je connaisse est celle qu'a donnée M. Guérin dans l'*Iconographie du Règne animal.*

EXPLICATION DES FIGURES.

PLANCHE 1, B (1).

Fig. 1, 2, 3. *Hemitriton punctulatus.* — Fig. 4-5. *Sal. corsica* (d'apres Ch. Bonaparte). — Fig. 6-7. *Sal. maculosa.* — Fig. 8-9. *Sal. atra.* — Fig. 10-11. *Hemisalam. marmorata.* — Fig. 12-13. *Hemisalam. cristata.* — Fig. 14-15. *Hemitriton cinereus.* — Fig. 16-17. *Hemitriton rugosus.* — Fig. 18. *Hemitriton punctulatus.* — Fig. 19-20. *Hemitriton Bibronii.* — Fig. 21-22. — *Hemitriton asper.* — Fig. 23-24. *Hemitriton alpestris.* — Fig. 25-26. *Triton punctatus.* — Fig. 27-28. *Triton palmatus.* — Fig. 29-30. *Triton vittatus.*

(1) Les figures 1 et 2 de cette planche se rapportent à la note de M. Milne Edwards sur l'appareil auditif des Firoles (fig. 1, le cerveau (*a*), les yeux (*b*), et les organes auditifs (*c*) ; fig. 2, la capsule auditive et son nerf, *a*).

RECHERCHES ZOOLOGIQUES

SUR LA CLASSE

DES MOLLUSQUES BRYOZOAIRES,

Par M. Alcide D'ORBIGNY.

(Suite. — Voyez tome XVI, page 292.)

2e sous-ordre. — Cellulines empatés.

Cellules cellulinées testacées, juxtaposées, groupées de diverses manières dans la formation de colonies invariablement fixées aux corps sous-marins, sans intermédiaire de filaments ou de radicelles cornées, par la substance testacée même des premières cellules. Jamais d'articulations cornées.

Rapports et différences. — Les caractères communs généraux, tels que le manque complet de cellules cornées, d'articulations cornées, et surtout de filaments cornés radiciformes servant à fixer les colonies au sol sous-marin, distinguent nettement cette division constamment fixée par sa propre substance testacée. A ces caractères, faciles à saisir, et qui nous paraissent d'une grande valeur, quoiqu'ils dépendent de la vie commune de chaque colonie, vient se joindre une considération que nous ne négligerons jamais : c'est d'épargner aux géologues des recherches dans les genres de la première division qui, à l'exception de la famille des *Cellaridées* distinguée par les segments de ses colonies testacées, ne contiennent aucune espèce fossile dans les âges du monde. Ce sera donc seulement à cette division que se rattacheront presque toutes les espèces fossiles.

Nous divisons ce sous-ordre de la manière suivante :

	Familles.
A. Cellules à ouverture médiocre, non formée par une membrane cornée.	
a. Cellules entières ou simplement poreuses.	
* Sans pores spéciaux près de l'ouverture	*Escharidæ.*

** Avec des pores spéciaux près de l'ouverture.
I. Un seul pore.
1. En avant de l'ouverture. . . . . *Escharinellidæ.*
2. En arrière ou sur les côtés de l'ouverture. . . *Porinidæ.*
II. Deux pores ou plus autour de l'ouverture. . . . *Escharellinidæ.*
b. Cellules percées de fossettes spéciales transverses ou rayonnantes.
* Un seul étage aux cellules.
I. Sans pores spéciaux près de l'ouverture. . . . . *Escharellidæ.*
II. Avec pores spéciaux près de l'ouverture.
* Un seul pore.
1. En avant de l'ouverture . . . . *Porellideæ.*
2. En arrière de l'ouverture . . . . *Porellinidæ.*
** Plusieurs pores en avant ou aux côtés de l'ouverture. . . . . *Eschariporidæ.*
** Deux étages aux cellules . . . . *Steginoporidæ.*
B. Cellules à large ouverture, fermée d'une membrane.
a. Sans pores spéciaux près de l'ouverture. . . . . . . *Flustrellaridæ.*
b. Avec pores spéciaux près de l'ouverture.
* Un seul pore en arrière de l'ouverture. . . . . . . *Flustrellidæ.*
** Deux pores . . . . *Flustrinidæ.*

1re Famille. — ESCHARIDÆ, d'Orb.

Cellules entières, ou simplement poreuses, juxtaposées, sur deux plans opposés, sur un seul plan libre ou fixe, ou sur plusieurs couches, toutes égales, ovales, allongées ou hexagones, placées le plus souvent en lignées longitudinales, mais aussi en quinconce, invariablement dépourvues de *pores spéciaux*. ***Ouverture*** petite, par rapport à la cellule, de forme diverse, mais jamais fermée par une membrane cornée. Un opercule corné ou testacé mobile. Des vésicules ovariennes, souvent placées en avant des cellules.

Cette famille, comme le tableau précédent le démontre, se distingue nettement de toutes les autres par ses cellules simples entières, non fossiculées, fermées sur la plus grande partie de leur surface, et dès lors sans membrane. Elle se distingue encore par le manque constant de pores séparés de l'ouverture; ainsi, tout à fait indépendante du groupement des cellules dans les colonies, nous établissons la famille seulement d'après la forme de la cellule. Comme on le verra par les genres que nous y plaçons, ils se distinguent au contraire, entre eux, par le caractère constant du groupement des cellules en colonies distinctes.

Notre classification, parmi les genres que nous groupons dans cette famille naturelle, se trouve définie par les caractères opposables suivants :

1re SECTION. — *Cellules externes.* GENRES.

A. Une seule couche des cellules sur une ou deux faces de la colonie.
- a. Cellules des deux côtés ou autour de la colonie.
  - α. Colonie en lignées longitudinales de cellules.
    - * Colonie lancéolée s'accroissant par les côtés et l'extrémité de la colonie. . . . . *Lanceopora.*
    - ** Colonie rameuse ou lamelleuse, s'accroissant par l'extrémité seulement.
      - I. Cellules autour de branches cylindriques . . *Vincularia.*
      - II. Cellules sur deux faces opposées . . . . . . *Eschara.*
  - αα. Colonies en lignées transversales de cellules. . . *Latereschara*
- b. Cellules sur une seule face de la colonie.
  - * Colonie offrant invariablement des cellules avortées au commencement de chaque nouvelle lignée longitudinale de cellules.
    - I. Colonie en disque s'accroissant tout autour.
      - 1. Ensemble libre . . . . *Lunulites.*
      - 2. Ensemble fixe rampant . . . . *Reptolunulites.*
    - II. Colonie flabelliforme s'accroissant d'un seul côté . . . . *Pavolunulites.*
  - ** Colonie sans cellules avortées, régulières aux lignées de cellules.
    - T. Colonie libre non encroûtante.
      - I. Colonie en disque libre, cupuliforme, sans lignées de cellules. . . . . *Stichopora.*
      - II. Colonie non en disque, libre, avec des lignées de cellules.
        - 1. Colonie en branches étroites.
          - * Sur deux lignes ; branches simples. . . *Bactridium.*
          - ** Sur plus de deux lignes ; branches anastomosées, réticulées. . . . . *Retepora.*
        - 2. Colonie en lame irrégulière. . . . . *Semieschara.*

TT. Colonie rampante encroûtante.

I. Cellules isolées.

1. Cellules distantes, placées par lignes rameuses. . . . . *Hippothoa.*

2. Cellules rapprochées avec des expansions latérales . . . . *Mollia.*

II. Cellules réunies encroûtantes . . . . *Cellepora.*

B. Plusieurs couches de cellules utriculées.

a. Cellules autour ou des deux côtés de colonies rameuses dendroïdes . . . . *Celleporaria.*

b. Cellules d'un seul côté d'une colonie lamelleuse.

* Colonies libres non rampantes. . . . . *Semicelleporaria.*

** Colonies rampantes encroûtantes . . . . *Reptocelleporaria.*

2e SECTION. — *Cellules creusées* dans la partie calcaire des coquilles. . . . . *Terebripora.*

1er Genre. — LANCEOPORA, d'Orb., 1851.

Colonies non articulées, testacées, probablement fixées par la base, mais sur une très petite partie des premières cellules. Le reste, libre, a la forme d'un fer de lance tranchant sur les côtés, et acuminé en avant. *Cellules* adossées sur deux plans opposés, disposés de chaque côté en lignées longitudinales et en quinconce au milieu de l'ensemble; une lame germinale tranchante, pourvue, de distance en distance, de côtes dans le sens des quinconces, précède, sur les côtés et en avant, les nouvelles lignées longitudinales de cellules qui naissent sur les côtés, et la continuation des lignées préexistantes en avant : ce sont des parties disposées pour les nouvelles cellules. Les cellules nouvellement formées sont convexes, criblées partout de petits pores placés sur trois lignes irrégulières ou épars. L'*ouverture* est ronde, pourvue d'un bourrelet, et placée à l'extrémité antérieure de la cellule ; sur les cellules du milieu, la saillie du bourrelet disparaît, et l'ouverture est alors simplement percée. Point d'*ovaires* ni de pores ovariens.

Rapports et différences. — Ce genre, l'un des plus curieux parmi les Bryozoaires, se rapproche des *Eschara* par la disposition de ses cellules sur deux faces opposées, et surtout par la lame qui précède les cellules dans l'accroissement; mais il s'en distingue, ainsi que de tous les autres genres de la famille, par sa colonie lancéolée, régulière, s'accroissant à la fois par les côtés où il naît de nouvelles lignées longitudinales sur une lame germinale tranchante bien plus développée que chez les *Eschara*, et par l'extrémité antérieure ; tandis que chez tous les genres qui vont suivre, sans exception, l'accroissement n'a lieu que par l'extrémité des rameaux ou par la partie supérieure des expansions lamelleuses de la colonie. C'est une des modifications les plus régulières des Escharidées.

Nous avons rencontré la seule espèce connue qui porte les caractères énoncés ci-dessus dans les sables du Fond, recueillis dans le détroit de Malaca par MM. Cécile et de Candé, où elle y est rare. Nous la nommons *Lanciopora elegans*, et nous l'avons figurée *Paléontologie française*, Terr. crétacés, pl. 680, fig. 7.

2e Genre. — VINCULARIA, Defrance.

Vincularia, Defrance, 1829; *Glauconome*, Munster, Goldfuss, 1829 ? (non *Glauconome*, Gray, 1828).

Colonies non articulées, entières, libres, testacées, fixes par la base, d'où partent des rameaux cylindriques non comprimés, divisés par dichotomisation très régulière, et représentant un ensemble dendroïde en buisson. *Cellules* tout autour des rameaux, très régulièrement placées, le plus souvent en quinconce, par lignées longitudinales et obliques, planes ou concaves, généralement bordées extérieurement. *Ouverture* ronde, ovale ou en fenêtre, variable dans sa forme, le plus souvent placée en avant de la cellule, et toujours plus petite qu'elle. Point de pores ovariens. Peut-être doit-on considérer comme des *cellules accessoires* des cellules différentes des autres, généralement plus grandes, qu'on remarque chez quelques espèces, soit au milieu des autres et éparses, soit de distance en distance comme des verticilles. Ces cellules sont distinctes, ont une ouverture plus grande et d'une autre forme.

Rapports et différences.—Avec des cellules identiques avec celles du genre *Cellaria*, celui-ci s'en distingue par ses colonies entières, non articulées. Avec des colonies entières, avec des cellules identiques avec les cellules des *Eschara* et des *Vincularina*, ce genre se distingue des premiers par ses cellules rayonnantes autour d'un axe cylindrique, et non adossées sur deux faces opposées. Il diffère du dernier seulement par le manque de pores ovariens, la disposition des cellules étant la même, mais celles-ci n'ayant qu'une seule ouverture.

M. Bronn (1) confond avec les *Cellaria* de Lamarck et de Lamouroux, et les *Salicornaria* de Cuvier, ce genre, qui était pourtant complétement inconnu de ces trois auteurs, et qui est totalement différent par son ensemble entier et non divisé par segments du véritable genre *Cellaria*. Le genre fut établi avec ses caractères par M. Defrance, au commencement de 1829, dans le t. LVIII, p. 214, du *Dictionnaire des sciences naturelles*, sous le nom de *Vincularia*. Bien que la planche qui contient le genre *Glauconome* de M. Munster dans Goldfuss fût, peut-être, publiée à cette époque, cette planche parut sans texte, et le genre *Glauconome* de M. Munster, encore sans date certaine, fut peut-être publié à la fin de 1829 certainement après le genre *Vincularia* de Defrance. Comme si la date ne suffisait pas pour admettre le nom donné par Defrance, et pour rejeter celui imposé par Munster, une autre circonstance vient en rendre l'acceptation indispensable dans la science; car, en 1828, bien avant l'apparition du texte qui établissait le genre *Glauconome* de Munster, ce nom avait déjà été employé par M. Gray pour une coquille lamellibranche. En résumé, on doit admettre le nom de *Vincularia* de Defrance comme le plus ancien, et celui sur lequel il n'y a pas de doutes pour la date. On doit au contraire rejeter le nom de *Glauconome* de Munster : 1° parce qu'il n'a pas de date certaine; 2° parce qu'il paraît avoir été publié postérieurement au genre *Vincularia*; et 3° enfin, parce que ce nom de *Glauconome* avait déjà été appliqué, dès 1828, par M. Gray, à une autre forme animale, c'est-à-dire une année avant que le texte de Goldfuss parût.

Les espèces de *Vincularia* sont vivantes et fossiles. Elles sont

(1) *Index palæontologicus*, I, p. 521.

vivantes dans les mers chaudes et froides, et se tiennent à de grandes profondeurs au-dessous du balancement des marées. La colonie se fixe sur un corps quelconque, et croît ensuite de manière à représenter un petit arbuste généralement pourvu de dichotomisations régulières.

Nous connaissons plus de soixante espèces, dont quelques unes vivantes. Les premières espèces fossiles sont de l'étage turonien ; le maximum se trouve dans l'étage sénonien, où nous en avons découvert cinquante, figurées dans notre *Paléontologie française*, pl. 600, 601, 654 à 659.

3ᵉ Genre. — ESCHARA, Lamk, 1801.

Eschara (pars), Rai, 1724 ; Ellis, 1755 ; Pallas, 1766 ; *Flustra* (pars), Linné, 1758 ; *Millepora* (pars), Solander, 1787 ; *Cellepora* (pars), Esper., 1791 ; *Eschara* (pars), Lamarck, 1801.

Colonies non articulées, entières, testacées, fixées par la base au moyen de sa propre substance testacée, d'où partent des rameaux ou des lames invariablement comprimés, plus ou moins divisés par dichotomisation, et représentant un ensemble dendroïde ou labyrinthiforme. *Cellules* juxtaposées sur deux plans opposés, dans le sens de la compression, comme adossées les unes aux autres latéralement. Elles sont égales, ovales, régulièrement placées les unes par rapport aux autres, en lignées longitudinales, planes ou concaves, souvent bordées extérieurement. *Ouverture* ronde, ovale ou en fenêtre, très variable dans sa forme, au moins de moitié plus petite que la cellule, placée en avant de celle-ci. Point de pores spéciaux ; quelquefois des *vésicules* ovariennes, souvent des *cellules accessoires*.

Observations. — Le commencement de chaque nouvelle colonie d'*Eschara* ressemble toujours à l'état permanent des *Cellepora*, c'est-à-dire qu'il est composé de cellules rampantes simples et fixes : la première cellule est d'abord fixée au sol ou à tout corps solide sous-marin ; souvent, dans les espèces foliacées, les premières cellules juxtaposées couvrent une assez grande surface. Quelquefois même elles deviennent libres sur une partie de leur surface, comme les *Semieschara ;* mais dans l'un ou l'autre cas cet état dure peu, et bientôt la colonie se développe et prend la forme générale du genre, avec ses deux couches adossées l'une à l'autre.

Dans la marche de leur accroissement, les colonies d'*Eschara* offrent une disposition qui, plus que tout le reste, montre que le mode de groupement tient essentiellement aux caractères des genres. Lorsqu'on examine un *Eschara* dans son accroissement, on reconnaît qu'à l'extrémité de chaque branche, ou de chaque lame, s'étend d'abord la lame germinale médiane qui sépare les deux couches adossées de cellules, sur laquelle sont déjà marquées, par une côte, l'entourage des nouvelles cellules qui doivent s'y développer. Bientôt ces nouvelles cellules se circonscrivent ; elles sont alors simplement globuleuses, renflées ou planes. Lorsque ces cellules sont globuleuses, saillantes, leur ouverture en avant, ce qui arrive dans les *E. retiformis* et *fascialis*, elles s'encroûtent peu à peu tout autour, et bientôt cette ouverture est enfoncée dans la masse de plus en plus épaisse. Souvent même, sur la base des branches, les ouvertures se ferment entièrement sans que pour cela la branche cesse de s'encroûter par suite de la vie commune de la colonie. Chez les espèces dont l'ouverture est toujours placée au milieu d'un encadrement saillant, les cellules changent bien moins de formes, et offrent peu de différences suivant la place plus ou moins ancienne qu'elles occupent. Une preuve que la vie commune existe malgré l'oblitération des ouvertures extérieures, c'est que les branches dont les cellules sont oblitérées croissent et s'encroûtent encore extérieurement tout le temps de l'existence de la colonie, et qu'en outre on retrouve toujours les cavités qu'occupait, dans ces cellules oblitérées, la cloison germinale médiane intermédiaire entre les deux couches de cellules et la place vide de ces premières cellules, qui communiquent toujours de l'une à l'autre par de petits pores jusqu'aux cellules pourvues d'ouvertures et contenant encore des animaux. C'est un ensemble vivant qui a son existence commune, indépendamment de la vie individuelle de l'habitant spécial à chaque cellule.

Parmi les espèces, on remarque plusieurs modifications importantes qui tiennent à l'organisation même du genre; nous voulons parler des cellules et des moyens de reproduction. Nous trouvons par exemple :

1° Des espèces dont toutes les cellules sont identiques de forme, et dont aucune ne diffère des autres, et ne peut être considérée comme cellule ovarienne, ni comme cellule accessoire.

2° Des espèces ont des cellules identiques de chaque côté de la compression de la colonie, mais ont encore des cellules de forme différente sur les côtés ; cellules qui forment alors des saillies remarquables sur la partie tranchante latérale des rameaux comprimés. Beaucoup d'espèces sont dans ce cas. Il reste à savoir si ces cellules latérales sont des *cellules avortées* ou des cellules ovariennes. Nous penchons à les croire des cellules avortées.

3° Des espèces, pourvues de cellules régulières, ont, à la place de quelques unes de celles-ci, soit sur le tranchant, soit au milieu des autres, des cellules plus grandes, de forme tout à fait disparate avec les autres, qui, de distance en distance, remplacent les cellules ordinaires. Nous les considérons comme des *cellules accessoires* qui, comme elles, existent simultanément avec des *cellules ovariennes* portant un ovaire, ne peuvent être considérées comme des *cellules ovariennes*. Nous continuerons donc à les appeler des *cellules accessoires*. Il reste maintenant à chercher les fonctions de ces dernières. Ne pourrait-on pas se demander s'il n'y aurait pas des sexes séparés chez les *Eschara ?* Nous pourrions alors les considérer comme des cellules mâles, et ces différences de cellules seraient alors expliquées ; mais nous n'osons encore rien conclure de positif à leur égard, cette question ne pouvant être résolue que sur les êtres vivants.

4° Des espèces en très petit nombre, ont des *cellules ovariennes*. Nous appelons ainsi des cellules ordinaires qui ont, en avant de l'ouverture, une *vésicule ovarienne*. Ces vésicules existent rarement ; mais comme elles se trouvent simultanément avec les cellules accessoires, elles ne peuvent avoir les mêmes fonctions.

Comme ces modifications de caractères peuvent exister seulement à des périodes spéciales de l'accroissement de chaque espèce en particulier ; comme elles peuvent manquer sur un point, par exemple, et se montrer sur un autre, nous avons pensé qu'il serait impossible de pouvoir s'en servir pour subdiviser les genres. Nous croyons donc que ces caractères peuvent rentrer dans les limites des modifications de l'espèce, dans le genre, et ne doivent même pas servir à former des groupes distincts dans ce dernier.

Nous avons remarqué que les cellules accessoires sont le plus souvent le commencement d'une nouvelle lignée longitudinale de cellules ordinaires. Cependant il y a beaucoup d'exceptions à cette règle ; car nous connaissons des espèces étroites dont les cellules accessoires sont placées de deux en deux sur la longueur des séries longitudinales des cellules ordinaires (*Paléontologie*, pl. 675, f. 5).

Rapports et différences. — Les *Eschara* diffèrent des *Vincularia* par leurs colonies formées de deux couches de cellules adossées l'une à l'autre ; aussi leurs branches sont-elles toujours comprimées au lieu d'être rondes ou cylindriques. Avec un ensemble absolument identique comme colonies avec les *Bidiastopora*, ils s'en distinguent par leurs cellules non tubuleuses et non saillantes, et surtout non centrifuginées.

Histoire. — Rai a le premier en 1724, dans son *Synopsis*, employé le nom d'*Eschara* ; il l'appliquait à plusieurs genres. Ellis, en 1755, plaça également, ainsi que Pallas, en 1766, sous ce nom, les *Flustra*, les *Biflustra*, les *Bidiastopora*, etc. Linné, en 1758, classa tous ces genres dans ses *Flustra*, que Gmelin, en 1789, conserva avec la même circonscription. En 1787, Solander, au contraire, le mit dans son genre *Millepora*. Esper, en 1791, les réunit dans ses *Cellepora* et ses *Flustra* avec tous les genres voisins. Lamarck même, en 1801 et 1816, réunit sous le nom d'*Eschara* des *Eschara* et d'autres genres. Voilà pour les espèces vivantes ; car les espèces fossiles de plusieurs genres différents ont été encore plus amoncelées dans le genre *Eschara*, devenu un véritable réceptacle, comme on le voit dans Goldfuss.

Nous ne plaçons, dans ce genre, que les espèces ayant en tout les caractères que nous assignons au genre, en le débarrassant des espèces des genres *Bidiastopora*, *Porina*, *Flustrella*, *Flustina*, *Biflustra*, *Escharinella*, etc., qu'on y avait inutilement placées.

Les *Eschara* sont aujourd'hui de toutes les mers, depuis les régions les plus froides jusqu'aux plus chaudes. Ils se tiennent dans les parties profondes et dans les lits de courants généraux. Ils existent aussi bien sur le banc de Terre-Neuve, au Spitzberg, sur nos côtes de France, en dehors des rochers du Calvados, à l'ouest des îles de Ré et d'Oleron, que dans les régions chaudes des mers de la Chine, de l'Inde, etc. Ce genre de fossiles a commencé à se montrer avec l'étage bathonien des terrains jurassiques. Il reparaît dans l'étage cénomanien des terrains crétacés, et occupe ensuite tous les étages géologiques, ayant néanmoins son maximum de développement spécifique dans l'étage sénonien.

Il est à remarquer que tous les *Eschara* des terrains crétacés n'ont pas la surface criblée de petits pores. Ils sont entiers, lisses, et ce caractère du test perforé, appartient seulement aux *Eschara* des terrains tertiaires, ou aux espèces vivantes.

Nous connaissons maintenant, dans le genre *Eschara* restreint, plus de 150 espèces. Le maximum existe au 22e étage crétacé sénonien, où nous en comptons aujourd'hui environ 107, décrites et figurées dans la *Paléontologie française*, Terrains crétacés, pl. 602, 603, 664 à 678.

4e Genre. — LATERESCHARA, d'Orb., 1851.

Avec tous les caractères du genre *Eschara*, que nous avons énumérés, ce genre s'en distingue nettement par le mode de groupement des cellules qui, au lieu de formes des lignées longitudinales de cellules adossées sur deux faces opposées de la colonie, forme des lignes transversales. Il en résulte que les cellules, dans le sens longitudinal, sont entièrement séparées les unes des autres, tandis qu'elles sont en contact latéralement à l'opposé de ce qu'on remarque chez les *Eschara*. Dans l'hexagone que représente chaque cellule, au lieu d'avoir deux facettes transversales en haut et en bas, et deux latérales de chaque côté, comme chez les *Eschara*, il n'y a aucune facette transversale aux extrémités, mais trois facettes latérales seulement. Ce mode de groupement vient aussi changer le mode de bourgeonnement dans l'augmentation des nouvelles cellules, par rapport aux anciennes. Chaque cellule, au lieu de donner naissance, à son extrémité antérieure, à une cellule dans le sens de la lignée longitudinale, en produit deux nouvelles à l'extrémité de chaque ancienne.

Rapports et différences. — Ce genre est aux *Eschara* ce que le genre *Melicerita* de M. Edwards est aux *Escharinella*. Si l'on admet l'un, il faut nécessairement admettre l'autre, et les distinguer tous les deux des *Eschara*.

Nous ne connaissons encore qu'une seule espèce de ce genre, le *Latereschara Achates*, d'Orb., 1851 (*Paléontologie française*, Terrains crétacés, pl. 662, fig. 7-9), fossile de Fécamp (Seine-Inférieure).

3e Genre. — LUNULITES, Lamarck, 1801.

Lunulites (pars), Lamarck, *auctorum*.

Colonie entière, fixe seulement dans le jeune âge, libre ensuite, orbiculaire, convexe d'un côté, concave de l'autre. *Cellules* juxtaposées, concaves, placées sur la face convexe seulement, disposées en lignées rayonnantes du centre à la circonférence. Il naît d'abord une cellule au centre de la colonie, puis six cellules autour de celle-ci, qui sont le commencement d'autant de lignées de cellules. Chaque nouvelle lignée, qui naît, dans l'accroissement, sur tous les points du pourtour, est formée par une *cellule avortée*, très petite. Sur la face concave sont des rayons divergents, qui correspondent aux lignées de cellules du côté opposé. *Ouverture* médiocre, dirigée en avant de la cellule du côté externe. Point de vésicules ovariennes.

Histoire. — Comme Lamarck considérait ce genre, il ne tenait aucun compte de la forme des cellules composant la colonie, mais seulement de la forme de la colonie : ainsi tous les Bryozoaires cupuliformes étaient des *Lunulites*, qu'il regardait à tort comme très voisins des *Obitolites*, que nous plaçons dans la classe des Foraminifères. C'est ainsi que des deux espèces qu'il plaçait dans le genre en 1816, l'une, le *L. radiata*, est réellement une *Lunulites*, tandis que l'autre dépend aujourd'hui d'un autre genre. Lamouroux, en 1821, tout en donnant les espèces de Lamarck, proposa de séparer des *Lunulites*, dont les cellules sont par lignées rayonnantes, le *L. urceolata*, dont les cellules sont en quinconce, et le nomma *Cupulaire*. En 1823, Defrance ne tint aucun compte de la distinction proposée par Lamouroux, et, de même que la plupart des auteurs, il place tous les genres cupuliformes dans le genre *Lunulites*.

Rapports et différences. — Nous avons reconnu que cette forme en cupule renferme plusieurs types différents de cellules, dépendant de familles distinctes. Nous ne plaçons donc dans le genre *Lunulites* que les espèces pourvues de cellules simples, non fossiculées, et sans pores spéciaux, dont l'ouverture est petite, antérieure, et n'occupe qu'une partie de la cellule. Pour nous, les espèces cupuliformes à cellules fossiculées sont des *Discoporella*, parce qu'elles ont les cellules du genre *Porella*. Les espèces à cellules, comme celles du genre *Flustrallaria*, seront des *Discoflustrellaria* ou *Cupularia*, suivant la disposition des cellules ; les espèces pourvues de cellules semblables à celles du genre *Flustrella* seront nos *Discoflustrella*, etc., etc. Comme on le voit, c'est le même mode d'agrégation en colonies identiques, de formes générales, constituées par des animaux dont les caractères sont totalement différents. En résumé, nous ne gardons dans le genre *Lunulites* que les espèces dont les cellules sont analogues à toutes les cellules des genres de la famille, depuis les *Eschara* jusqu'aux *Cellepora*, et placées par lignées ; car la disposition, non en lignées, distingue les *Stichopora* des *Lunulites*.

Les *Lunulites* sont connues à l'état fossile seulement ; les espèces vivantes indiquées jusqu'à ce jour dépendant d'autres genres. Les premières espèces sont de l'étage sénonien (craie blanche), ou le genre atteint son maximum de développement spécifique. Il montre ensuite des espèces jusque dans l'étage falunien ; c'est-à-dire 2 dans le 24e étage suessonien, 5 dans le 25e étage parisien, 4 dans le 26e étage falunien. Toutes ces espèces sont mentionnées à leur étage dans notre *Prodrome de paléontologie stratigraphique*. Nous en publions huit espèces des terrains crétacés dans nos planches 704, 705 et 706.

6e Genre. — Reptolunulites, d'Orb., 1851.

Colonie fixe, rampante et encroûtante à la surface des corps sous-marins, de forme discoïdale plus ou moins régulière, composée de lignées de cellules rayonnantes autour d'une cellule primordiale centrale; chaque lignée nouvelle intercalée commençant invariablement par une cellule primo-sériale avortée, d'une autre forme que les cellules ordinaires. *Cellules* comme dans la famille. *Ouverture* médiocre. Point de vésicules ovariennes.

Rapports et différences. — Les *Reptolunulites* ont tous les caractères de cellules des *Lunulites ;* mais elles s'en distinguent par leur colonie fixe, rampante, à la surface des corps sous-marins, au lieu d'être libre. Fixes, rampantes, comme les colonies de *Cellepora*, les *Reptolunulites* s'en distinguent par le rayonnement de leurs lignées, et surtout parce que chaque lignée nouvelle commence invariablement par une cellule primo-sériale différente des autres.

Les deux espèces que nous connaissons sont du 22e étage sénonien ou de la craie blanche : *Reptolunulites angulosa* et *ovalis* (*Paléontologie française*, t. V, pl. 707, fig. 1-4).

7e Genre. — Pavolunulites, d'Orb., 1851.

Colonie libre, flabelliforme, n'ayant de cellules que d'un côté, composée de lignées toutes dirigées dans le même sens, naissant de chaque côté d'une lignée primordiale centrale, toujours par une cellule primo-sériale distincte des autres, et formant dans leur réunion invariablement un ensemble flabelliforme, régulier, libre. *Cellules* juxtaposées placées d'un seul côté, l'autre montrant dessous les lignées des cellules.

Rapports et différences. — Avec des cellules ordinaires identiques et des cellules primo-sériales de même nature, ce genre se distingue des *Lunulites* en ce que les lignées de cellules, loin de rayonner autour d'un point central en divergeant, sont toutes tournées d'un même côté, et forment une colonie constante invariablement flabelliforme. L'accroissement se fait de la manière suivante. Il naît d'abord une cellule primaire, puis trois autres, une médiane faisant suite à la première, et deux latérales, une de chaque côté. La lignée centrale continue de s'allonger de nouvelles cellules, tandis que les lignées latérales s'allongent, ou il en naît de nouvelles entre ces premières d'une manière régulière jusqu'au plus grand accroissement de la colonie. Ce genre, libre comme les *Semi-eschara*, s'en distingue par sa colonie toujours flabelliforme, et par les cellules primo-sériales régulières commençant toujours les nouvelles lignées.

Les deux espèces connues de ce genre remarquable, les *Pavolunulites elegans* et *costata*, sont du 22e étage sénonien ou de la craie blanche ; la première se rencontre sur tous les points du bassin anglo-parisien et dans le bassin pyrénéen. Elles sont figurées dans notre *Paléontologie française*, Terrains crétacés, pl. 706, fig. 5-8, fig. 9-11.

8e Genre. — Stichopora, de Hagenow, 1846.

Colonie entière testacée, fixée seulement dans le jeune âge, orbiculaire, convexe d'un côté, concave de l'autre, composée de cellules régulièrement placées en quinconce, sans former de lignées, et toujours sans cellules primo-sériales, toutes ces cellules étant égales, et ne naissant pas de bourgeons placés à l'extrémité des cellules préexistantes, mais de chaque côté de ces premières cellules. Au centre, une cellule primaire, autour de laquelle sont six cellules. *Ouverture* médiane n'occupant qu'une partie de la cellule. Côté opposé aux cellules, lisse, ou avec les traces des cellules.

Rapports et différences. — Tel que nous le circonscrivons, ce genre est aux *Lunulites* ce que sont les *Latereschara* aux *Eschara*, c'est-à-dire que le mode de reproduction par bourgeonnement est constamment différent. Ici les cellules, au lieu de former des lignées longitudinales rayonnantes, forment au contraire des lignes transversales au rayonnement.

Histoire.— Sous le nom de *Stichopora*, M. de Hagenow a figuré des Bryozoaires bien différents les uns des autres. Dans l'ouvrage de M. le docteur Geinitz (1), il donne, sous le nom de *Stichopora Richteri* (pl. 236, fig. 46), une colonie, qui paraît être composée de cellules placées comme nous les avons décrites dans ce genre. Sous le nom de *Stichopora cancellata* (fig. 47), M. de Hagenow représente une espèce d'un genre tout différent, à cellules en lignées. Dans son bel ouvrage sur les Bryozoaires de Maëstricht, il a figuré, sous le nom de *Stichopora clypeata*, l'espèce la mieux caractérisée, avec ses cellules sans lignées. Ayant à opter entre les différentes formes placées dans le genre, nous avons consacré le nom de *Stichopora* aux espèces dont les cellules ne sont pas en lignées, en prenant pour type le *Stichopora clypeata* de M. de Hagenow. Il est bien entendu que le genre auquel nous avions, en 1850, donné aussi le nom de *Stichopora*, doit maintenant prendre un nouveau nom.

Nous connaissons jusqu'à présent deux espèces, l'une du 22e étage sénonien, et l'autre du 26e étage falunien. La première, le *Stichopora clypeata*, Hagenow, est figurée dans la *Paléontologie française*, pl. 707, fig. 5-9.

9e Genre. — BACTRIDIUM, Reuss, 1848.

Bactridium (pars), Reuss, 1848.

Colonie en rameaux étroits, fixés par leur base, et libres ensuite, pourvus d'un seul côté de deux rangées de cellules longitudinales. *Cellules* convexes, allongées, percées, à leur extrémité antérieure, d'une ouverture ronde, très petite.

Rapports et différences. — Cette division, composée de cellules analogues aux cellules de tous les genres de la famille, s'en dis-

(1) *Grundriss der Versteinerungskunde*, pl. 23, fig. 46, 47.

tingue nettement par la forme de sa colonie. En effet, c'est dans la famille le seul genre dont la colonie soit formée de rameaux étroits pourvus seulement de deux rangées longitudinales de cellules. — Sous le nom de *Bactridium*, M. Reuss, dans son travail sur les fossiles tertiaires de Vienne, a placé quatre espèces appartenant à deux genres bien différents. De ces quatre espèces, en effet, trois, ses *Bactridium ellipticum*, *schirostomum et granulatum*, sont évidemment des espèces du genre *Canda*, de Lamouroux, que nous avons placées à ce genre. D'après ces espèces, le genre *Bactridium* devrait disparaître des nomenclatures ; mais M. Reuss y a placé encore une quatrième espèce pourvue de caractères différents, et à laquelle nous conservons le nom de genre en restreignant les caractères. Le type en sera donc le *Bactridium Hagenowi*, Reuss, 1848 ; *Aus sienew foss. Polyp. Wienner Tertiarib.*, pl. 5, fig. 28, fossile de l'étage falunien de Vienne (Autriche).

10e Genre. — RETEPORA, Lamarck, 1816.

Colonie en rameaux étroits, fixés par leur base et libres ensuite, mais s'anastomosant toujours les uns aux autres, de manière à former des mailles en réseau régulier, formés de mailles, dont la partie supérieure contient de trois à six rangées longitudinales de cellules ; la partie inférieure, souvent très épaisse et encroûtée, est lisse, ou montre les indices des cellules. *Cellules* peu distinctes, allongées, pourvues à leur partie antérieure d'une *ouverture* variable petite, munie d'un opercule. Souvent des vésicules ovariennes, qui représentent comme des saillies épineuses.

Rapports et différences. — Très voisin du genre *Bactridium*, ce genre n'en diffère effectivement que par un plus grand nombre de cellules aux branches, et par l'anastomosation des branches entre elles, de manière à représenter les mailles d'un filet.

Ce genre, que Lamarck plaçait avec des Bryozoaires centrifuginés tubulinés, en a été distingué, pour la première fois en 1836, par M. Edwards, qui y reconnut les caractères des *Eschara*. Tous les autres auteurs l'ont confondu avec un grand nombre de genres différents. Aussi dans Lamarck, la première espèce est un *Krusensternia;* les deuxième, quatrième, sixième, sont des *Retepora;* les troisième et cinquième sont des *Hornera;* et beaucoup des espèces citées par les différents auteurs vont se classer ailleurs. Voici une espèce qui y reste définitivement.

R. cellulosa, Lamarck, 1816, *Anim. sans vert.*, 2e édit., II, p. 276, n° 2. *Millepora cellulosa*, Linn., 1758, *Syst. nat.*, X, sp. 7. *Millepora retepora*, Pallas, 1766, p. 243, n° 148; Esper, vol. I, pl. 1 ; Soland. et Ellis, pl. 26, fig. 2. Habite la Méditerranée. Notre collection. Cette espèce, à l'état frais, montre une pointe derrière chaque ouverture.

11e Genre. — SEMIESCHARA, d'Orb., 1851.

Colonie en lame irrégulière, flexueuse, libre, pourvue, d'un seul côté, de cellules juxtaposées en lignées peu régulières, sans laisser toujours une cellule avortée primo-sériale au commencement de chaque lignée. On remarque deux sortes de cellules, des cellules ordinaires et des cellules accessoires : *cellules ordinaires* convexes ou concaves, à ouvertures médiocres antérieures; *cellules accessoires*, d'une forme différente des autres, placées soit au commencement des nouvelles lignées, soit intercalées au milieu des autres ; quelquefois des vésicules ovariennes.

Rapports et différences. — Les *Semieschara* sont aux *Eschara* ce que sont les *Semiflustra* aux *Flustra;* c'est-à-dire que, formés de cellules identiques, ils se distinguent des *Eschara* par leur colonie formée de cellules d'un seul côté, au lieu d'en avoir des deux. Avec des colonies irrégulières, à cellules d'un seul côté, comme chez les *Cellepora*, ce genre s'en distingue par ses colonies en lames libres, non fixes et rampantes.

Observation. — Ce que nous avons dit du mode d'accroissement des Escharidés, et de la lame qui se développe avant les cellules (tome XVI, page 305), est surtout applicable à ce genre, dont nous avons des colonies vivantes dont les bords offrent parfaitement ce caractère. On y voit (*Paléontologie française*, Terrains crétacés, pl. 722, fig. 1), en avant des cellules complètes, une lame germinale d'autant plus mince, qu'elle s'éloigne davantage de ces cellules; elle est large, divisée à la suite des lignées par une côte correspondant à la largeur d'une ou deux cellules. Entre ces côtes, on aperçoit immédiatement, en avant de chaque cellule complète, le cadre d'une ou deux cellules, et, en avant de ces cadres, un large espace où la lame n'offre aucune apparence de cellules, et qui est pourtant destinée dans l'accroissement à en recevoir. En voyant ces faits, il est impossible de douter qu'une lame ne préexiste dans la colonie à la formation des cellules, et dès lors on est obligé d'admettre une vie commune dans la colonie, indépendamment de la vie individuelle ou cellulaire.

Les espèces sont fossiles des terrains crétacés et tertiaires, et vivantes dans les mers tempérées et chaudes; elles ont, le plus souvent, été méconnues par les auteurs. Nous en décrivons et figurons *dix-neuf espèces* dans notre *Paléontologie française*, pl. 708, 709 et 710.

12e Genre. — HIPPOTHOA, Lamouroux, 1821.

Catenicella, Blainville, 1831.

Colonie fixe, rampante à la surface des différents corps sous-marins, composée de cellules ordinaires non contiguës, espacées, et souvent très distantes, naissant les unes des autres par lignées longitudinales et latérales en même temps; c'est-à-dire que, de l'extrémité de la cellule adulte, il naît une nouvelle cellule, et en même temps deux latérales, une de chaque côté. *Cellules* non juxtaposées; chacune, filiforme à sa base, s'élargit et se termine par une partie renflée guttiforme, ou ressemblant à un œuf coupé en deux. *Ouverture* variable, ronde ou en croissant, presque terminale en avant; souvent des vésicules ovariennes.

Rapports et différences. — Avec des colonies fixes et rampantes comme chez les *Cellepora*, ce genre s'en distingue très nettement par ses cellules non juxtaposées, mais séparées et naissant les unes des autres par une partie filiforme, et représentant une tige et des branches latérales dans leur ensemble. Ce genre est aussi remarquable en ce qu'il montre parfaitement le mode de bourgeon antérieur et latéral de chaque cellule.

Histoire. — Ce genre, que Lamouroux a établi en 1821, fut confondu avec des colonies libres sous le nom de *Catenicella*, que M. de Blainville leur appliqua, en supprimant ainsi le genre qu'avait établi Lamouroux. M. de Hagenow, en 1846, dans l'ouvrage de M. Geinitz (*Grundriss, der Verstein.*, pl. 23 *b*, fig. 55), confond ce genre avec les *Aulopora* (qui ne sont pas des Bryozoaires) et les *Alecto*, et en figure une espèce sous le nom d'*Aulopora*.

Ce genre se trouve fossile, de l'étage cénomanien jusqu'aux terrains tertiaires. On le rencontre aussi vivant dans nos mers.

Comme on le voit, des quatre espèces que nous connaissons dans les terrains crétacés de France, deux sont du 20ᵉ étage cénomanien, et deux du 22ᵉ étage sénonien. Nous les représentons *Paléontologie française*, pl. 710.

13ᵉ Genre. — Mollia, Lamouroux, 1821.

Colonie fixe, rampante à la surface des différents corps sous-marins, composée de cellules ordinaires par lignées non contiguës, formant tache encroûtante ou un ensemble rameux, mais non en rameaux obliques isolés, divergents, séparés. *Cellules* convexes isolées, séparées par lignées peu régulières, souvent en contact par lignées séparées les unes des autres latéralement, et jointes par des expansions spéciales ou en réseau. *Ouverture* terminale antérieure.

Rapports et différences. — Ce genre est intermédiaire aux *Hippothoa* et aux *Cellepora*. Pourvu de cellules plus ou moins libres comme les *Hippothoa*, il en diffère par les cellules non en rameaux séparés, mais formant tache encroûtante. Très voisin des *Cellepora*, ce genre en diffère par ses cellules non contiguës, séparées les unes des autres, et jointes seulement par un réseau, des expansions, ou même un encroûtement lamelleux intermédiaire.

Nous en connaissons un bon nombre d'espèces dont quelques

unes ont été décrites sous les noms de *Flustra*, d'*Eschara* et de *Cellepora*.

Exemple : *M. Brongniarti*, Edwards. 1836, édit. de Lamarck, t. II, p. 238. *Flustra Brongniarti*, Audouin 1826, explication des planches de Savigny, *Égypte*, pl. 10, f. 6.

14e Genre. — CELLEPORA, Othon Fabricius, 1780.

Eschara (pars), Ellis, Gmelin. *Cellepora* Fabricius, 1780 ; Lamouroux, 1812 (non Lamarck, 1801). *Cellepora* et *Discopora* (pars), Lamarck, 1816. *Escharina* et *Escharoides*, Edwards, 1836 (non *Escharina*, Rœmer, Reuss, Hagenow). *Marginaria* (pars), Rœmer, Reuss.

Colonie fixe, rampante, et formant des encroûtements irréguliers à la surface des corps, composée d'une seule couche de *cellules* juxtaposées ou obliques placées en quinconce les unes par rapport aux autres ; leur forme est ovale-hexagone, convexe ou concave ; entières ou criblées de pores irréguliers. *Ouverture* n'ayant pas plus de la moitié de la longueur des cellules. Point de pores spéciaux, mais souvent des *vésicules ovariennes* placées en avant des cellules. On voit fréquemment à la place d'une cellule ordinaire une *cellule accessoire*, toujours différente de forme avec les autres de la manière la plus disparate.

Observation. — Dans l'accroissement des colonies il naît d'abord une cellule ; d'autres apparaissent auprès, soit dans une seule direction tout en divergeant, soit tout autour : alors la colonie est irrégulière ou presque circulaire.

Rapports et différences. — Avec des cellules ordinaires juxtaposées, et des cellules accessoires absolument comme les *Eschara* et les *Semieschara*, ce genre s'en distingue bien nettement par le mode de groupement de ces cellules en colonie. En effet, loin d'être réunies sur deux faces opposées de lames libres comme les *Eschara*, ou d'occuper une seule face d'une partie lamelleuse comme chez les *Semieschara*, ici la colonie est fixe, rampante et encroûtante sur les différents corps sous-marins.

Histoire. — Confondu, en 1766, avec les *Eschara*, les *Flustra* et beaucoup d'autres genres, parmi les *Eschara* de Pallas, le genre qui nous occupe reçut, en 1780, d'Othon Fabricius dans sa *Fauna groenlandica*, le nom de *Cellepora*. On reconnaît, en effet, sur les six espèces de *Cellepora* de cet auteur, qu'une seule n'appartient pas au genre tel que nous le circonscrivons aujourd'hui. C'est pour nous une raison de réserver à cinq espèces le nom donné par son auteur. En 1789, Gmelin, dans sa compilation du *Systema naturæ*, y conserve les espèces de Pallas, tout en y ajoutant quelques autres dépendant des genres *Celleporaria* et *Semicelleporaria*. Esper, en 1791, fit plus que Gmelin ; il y plaça non seulement les *Cellepora* de Fabricius, mais nos *Semicelleporaria*, les *Celleporaria*, mais encore des *Proboscina* et des *Eschara*. Loin d'y mettre les cinq espèces de Fabricius, prenant alors la sixième espèce de Pallas pour type, Lamarck, en 1801, les exclut au contraire ; il changea la définition du genre en n'y plaçant plus que deux espèces à plusieurs couches de cellules, dont une dépend de notre genre *Reptocelleporaria* et l'autre des *Semicelleporaria*. Moll, en décrivant toutes les espèces de la Méditerranée, les donna sous le nom d'*Eschara* avec beaucoup d'autres genres. Lamouroux, en 1812, prit le genre comme l'indiquait la majorité des espèces de Fabricius, c'est-à-dire qu'il n'y plaça que les espèces fixes encroûtantes que nous plaçons dans le genre *Cellepora*. Il lui conserva la même circonscription en 1816. Lamarck la même année, dans son genre *Cellepora*, non seulement y classa les espèces à plusieurs couches de cellules superposées, que nous en excluons, mais encore beaucoup d'autres genres avec les véritables *Cellepora* de Fabricius, tout en formant son genre *Discopora* pour les espèces encroûtantes, dont les cellules, régulièrement placées en quinconce, ne sont pas saillantes, qui, pour nous, ne diffèrent pas des *Cellepora* de Fabricius. Lamouroux, en 1821, a conservé la même circonscription qu'en 1812 au genre *Cellepora* ; et de plus, reconnaissant que Lamarck y classe des espèces à plusieurs couches étrangères au genre, il forme de ces espèces son genre *Celleporaria* que personne ne paraît avoir remarqué. Blainville a compris le genre à peu près comme Lamarck. Goldfuss, pour les espèces fossiles, ne conserve, dans le genre *Celle-*

pora, que les espèces encroûtantes, à une seule couche de cellules, correspondant aux Cellépores encroûtantes et aux Discopores de Lamarck.

On voit donc, en résumé, qu'à cette époque (1834), les espèces à une seule couche, dont Fabricius a formé le genre *Cellepora*, sont également conservées dans ce genre par Lamouroux et Goldfuss, et que les espèces à plusieurs couches ont été nommées *Celleporaria* par le premier de ces auteurs. Les deux genres sont de cette manière parfaitement circonscrits.

Lors de la seconde édition des *Animaux sans vertèbres* de Lamarck, en 1836, M. Edwards apporta les changements suivants au genre *Cellepora* de Lamarck; il ne conserva sous ce nom que les espèces à plusieurs couches, dont Lamouroux avait en 1821 formé le genre *Celleporaria*. Des *Cellepora* de Fabricius, de Lamouroux et de Goldfuss, il en fait deux genres nouveaux : les *Escharina* pour les espèces dont les cellules sont horizontales dans leur groupement, les unes par rapport aux autres; et les *Escharoides* pour les espèces à cellules obliques. Il conserve de plus le genre *Discopora* de Lamarck, en le restreignant aux espèces dont les cellules ne sont pas distinctes extérieurement, mais du reste identiques.

Depuis cette époque, M. Roemer, en 1840, appelle *Discopora* et *Marginaria*, les *Cellepora* de Fabricius, dont les cellules ne sont pas convexes, et *Escharoides* les espèces à cellules convexes; tandis qu'il nomme *Escharina* des Bryozoaires tout à fait différents des *Escharina* de M. Edwards, dont nous avons formé les genres *Reptescharipora* et *Reptescharella*. En 1845, M. Reuss place les *Cellepora*, avec des *Membranipora*, sous les noms de *Discopora*, et avec ses *Marginaria* qui renferment encore plusieurs genres distincts, tandis qu'il place dans le genre *Escharina* plusieurs genres entièrement distincts des *Escharina* de M. Edwards. En 1851, M. le docteur de Hagenow revient, avec raison, au genre *Cellepora* de Fabricius, tout en plaçant comme sous-genres des *Escharoides*, ses *Dermatopora* (qui correspondent aux *Membranipora* de Blainville), ses *Marginaria*, dans lesquels encore sont des *Membranipora*, et ses *Escharina* qui, comme celles de MM. Roemer et Reuss, sont toutes différentes des *Escharina* de M. Edwards.

En 1839, dans nos Bryozoaires de l'Amérique méridionale, nous avons, d'après M. Edwards, donné les *Cellepora* sous le nom d'*Escharina*; nous avons fait la même chose, en 1847, dans notre *Prodrome de paléontologie stratigraphique*, et même dans les premières planches de notre *Paléontologie française*. Aujourd'hui, après avoir remonté à la source, et après avoir étudié un nombre considérable d'espèces vivantes et fossiles, nous croyons devoir revenir au genre *Cellepora*, tel que Fabricius l'avait compris, ainsi que Lamouroux en 1812, et qui correspond en tout point aux *Escharina*, aux *Escharoides* de M. Edwards créés en 1836, et aux *Discopora* de Lamarck nommés en 1816. Ayant reconnu que les cellules simples, sans pores accessoires, qui caractérisent les *Cellepora*, telles que nous les circonscrivons, passent sans transition, et d'une manière insensible, sans qu'il soit possible de leur assigner de limites, de la forme concave en dessus à la forme convexe, nous ne pouvons conserver la distinction de *Marginaria*, appliquée seulement aux espèces non convexes bordées d'un cadre saillant. Comme, d'un autre côté, les cellules convexes, simplement juxtaposées et horizontales, passent insensiblement et par degrés aux cellules plus ou moins obliques, nous ne trouvons pas de limites entre les *Escharoides* et les véritables *Cellepora*, et nous ne pouvons conserver cette division. Il en est de même des *Discopora* de Lamarck : il suffit de voir des *Cellepora* pour s'assurer qu'elles varient, dans le groupement des colonies, de la forme discoïdale à la forme irrégulière dans les individus d'une même espèce, et ne peuvent dès lors motiver la formation d'un genre particulier. En les restreignant, comme fait M. Edwards, aux espèces dont les cellules ne sont pas distinctes, on ne peut encore les conserver, car les colonies dont les cellules ne sont pas distinctes au milieu, sur les vieilles cellules, le sont toujours sur leurs bords, et aucun caractère ne pourrait les séparer nettement des *Cellepora* comme nous les comprenons.

En résumé, nous conservons aux *Cellepora* le nom le plus anciennement donné, en 1780, par Fabricius, et nous plaçons dans le genre les espèces d'*Escharina*, d'*Escharoides* de M. Edwards, et de *Discopora* de Lamarck, dont la cellule est simple, sans pores accessoires ni parties fossiculées régulièrement, formées d'une seule couche parasite et encroûtante.

Malgré les nombreuses réductions, il nous reste encore plus de cent espèces de *Cellepora* proprement dites. Ce genre commence avec l'étage cénomanien, et atteint son maximum de développement dans les mers actuelles. Nous en figurons des espèces, *Paléontologie française*, pl. 712 et 713.

15e Genre. — CELLEPORARIA, Lamouroux, 1821.

Cellepora (pars), Lamarck, 1801; Milne Edwards, 1836 (non *Cellepora* Fabricius, 1780).

Colonies non articulées, entières, libres, testacées, fixées au sol par la base testacée d'où partent des rameaux plus ou moins divisés par dichotomisation, et représentant un ensemble dendroïde. *Cellules* plus ou moins ellipsoïdes ou oviformes, utriculées, à peine distinctes extérieurement, verticales ou obliques, saillantes, amoncelées sans ordre les unes sur les autres, et représentant une surface rugueuse. *Ouverture* ronde ou en croissant, placée à l'extrémité supérieure de la cellule, toujours plus étroite que celle-ci. Des vésicules ovariennes nombreuses généralement bursiformes, placées en avant des cellules, et agglomérées avec celles-ci.

Observations. — Les *Celleporaria* suivent, à peu de chose près, la même marche dans l'accroissement que les *Eschara*. Un *Celleporaria* commence à chaque colonie par des cellules encroûtantes qui, se superposant de suite, montrent un groupement irrégulier. Elles s'amoncellent les unes sur les autres, et forment dans cet amoncellement toujours une colonie régulière. Lorsqu'en effet cette colonie forme des expansions foliacées, ces expansions sont toujours de la même forme dans la même espèce. Lorsque la colonie représente un ensemble rameux, les branches sont toujours de la même grosseur et divisées d'une manière régulière dans la même espèce. Il en résulte que ce mode d'agglomération de cellules irrégulièrement placées, forme néanmoins, dans l'ensemble de chaque espèce, une colonie de forme régulière toujours la même. Lorsqu'on brise un gros tronc d'une espèce rameuse, on reconnaît qu'il n'y a plus seulement des individus agglomérés, mais une vie commune. Par suite d'une résorption intérieure, il s'établit au centre des canaux plus ou moins interrompus, qui divergent obliquement du centre à la circonférence, et de bas en haut, sans ressembler aux cellules externes, et sans montrer de traces des vésicules ovariennes si nombreuses qui les accompagnent en dehors. Nous croyons donc que la colonie a une existence générale, commune, indépendamment de la vie individuelle de chaque habitant d'une cellule. C'est encore l'une des observations qui nous fait attacher beaucoup d'importance au mode de groupement des individus comme caractère générique.

Rapports et différences. — Les *Celleporaria*, tels que nous les caractérisons, sont aux *Semicelleporaria* et aux *Reptocelleporaria* ce que sont les *Eschara* aux *Semieschara* et aux *Cellepora.* Dans l'amoncellement des cellules sur plusieurs couches, au lieu de former un ensemble libre ou encroûtant et parasite, ayant des cellules d'un seul côté, les *Celleporaria* s'élèvent en rameaux réguliers, ou en lames pourvues de cellules de tous les côtés également.

Histoire. — Petiver, Pallas et Solander les ont confondus avec les *Millepora;* Ellis, en 1755, avec les *Eschara;* ils furent ensuite placés avec les *Eschara*, les *Cellepora* et beaucoup d'autres genres, dans les *Cellepora* de Gmelin, en 1789, et d'Esper en 1791, qui renfermaient beaucoup d'autres genres que le véritable genre *Cellepora*, créé en 1789 par Othon Fabricius dans sa *Fauna groenlandica.* En 1801, dans l'extrait de son cours, Lamarck changea tout à fait la définition du genre. Loin d'y mettre seulement les espèces que Fabricius y avait placées, il en exclut celles-ci, et place dans son genre *Cellepora* les espèces à plusieurs couches (nos *Semicelleporaria*). En 1812, Lamouroux considéra les *Cellepora* comme Gmelin et Esper. Il en fut de même de Lamarck en 1816. Alors son genre renferme non seulement celui qui nous occupe, mais encore les *Semicelleporaria*, les *Reptocelleporaria*, les *Cellepora* et beaucoup d'autres genres. En 1821, Lamouroux rectifia ce genre ; il laisse dans les *Cellepora* ceux de Fabricius, et des espèces à plusieurs couches, types des *Cellepora* de Lamarck, il les sépare sous le nom de *Celleporaria* (*Exposit. méth. des polyp.*, p. 43). Goldfuss et les auteurs allemands revinrent au contraire au genre *Cellepora* primitif de Fabricius, dont M. Edwards, en 1836, dans la seconde édition de Lamarck, fit ses *Escharina* et ses *Escharoides*, tandis qu'il conservait comme *Cellepora* les espèces à plusieurs couches séparées antérieurement par Lamouroux sous le nom de *Celleporaria*.

Après avoir remonté à la source, on voit que le genre *Cellepora*, créé en 1780 par Fabricius, correspond tout à fait aux *Escharina* et aux *Escharoides* de M. Edwards, et ne peut, en aucune manière, contenir le genre qui nous occupe, nommé *Celleporaria* par Lamouroux en 1821. Nous lui conservons aujourd'hui naturellement cette dénomination la plus ancienne.

Les *Celleporaria* se trouvent vivants et fossiles dans les terrains tertiaires seulement. Vivants, ils habitent en grand nombre les mers chaudes, tempérées et froides, bien au-dessous du balancement des marées, et surtout dans les lits des grands courants généraux, principalement sur le banc de Terre-Neuve.

Exemple : *C. incrassata*, d'Orb., 1851. *Cellepora incrassata*, Lamarck, 1816, *Anim. sans vert.*, édit. de 1836, II, p. 256, n° 2; Marsig., 1711, pl. 32, fig. 150, 151. Méditerranée, banc de Terre-Neuve, où il est très commun. Le Spitzberg. Notre collection. Ses rameaux sont de 3 à 7 millimètres de diamètre.

16e Genre. — SEMICELLEPORARIA, d'Orb., 1851.

Colonie entière, testacée, fixée au sol par sa base calcaire, d'où part une lame plus ou moins épaisse, libre, pourvue, d'un seul côté, de plusieurs couches superposées de cellules ordinaires agglomérées. *Cellules* ovales, verticales ou obliques, souvent peu distinctes extérieurement, amoncelées sans ordre les unes sur les autres, et représentant une surface rugueuse. *Ouverture* ronde ou en croissant placée à l'extrémité supérieure de la cellule. Ordinairement beaucoup de vésicules ovariennes en avant des cellules.

Rapports et différences. — Les *Semicelleporaria* sont aux *Celleporaria* ce que sont les *Semieschara* aux *Eschara*. Ils en diffèrent, par leur colonie pourvue de cellules d'un seul côté, d'une colonie lamelleuse libre, au lieu d'en avoir des deux côtés. Ils diffèrent des *Reptocelleporaria* par la colonie libre, non rampante et encroûtante.

L'histoire du genre est la même que celle des *Celleporaria*, avec lesquels ceux-ci ont toujours été confondus. Les espèces sont vivantes, des mers chaudes et tempérées, et fossiles des terrains tertiaires.

Exemple : *S. spongites*, d'Orb., 1851. *Cellepora spongites*, Gmelin, 1789, sp. 55 : Lamarck, 1816, *Anim. sans vert.*, édit. de 1836, II, p. 258, n° 7. *Eschara spongites*, Pallas, 1766, p. 45. *Cellepora spongites*, Esper, 1797, pl. 3 : Solander, pl. 41, fig. 3. Méditerranée. Alger. Notre collection.

17e Genre. — REPTOCELLEPORARIA, d'Orb., 1851.

Colonie testacée, composée d'un ensemble encroûtant, rampant à la surface des corps sous-marins, sans présenter de parties libres lamelleuses, formée de cellules amoncelées. *Cellules* peu distinctes, ovales, souvent utriculées, horizontales ou plus ou moins obliques, amoncelées, avec leurs vésicules ovariennes en masse plus ou moins épaisse et globuleuse.

Rapports et différences. — Ce genre est aux *Celleporaria* ce que sont les *Cellaria* aux *Eschara*. C'est une colonie rampante, encroûtante sur les corps sous-marins, sans former de partie libre comme les *Semicelleporaria*, ni de branches rameuses comme chez les *Celleporaria*. Il avait, ainsi que le précédent, été confondu avec les *Cellepora* de Lamarck. Les espèces sont fossiles du vingt-deuxième étage sénonien, des terrains crétacés, jusqu'à la fin des terrains tertiaires. Les espèces vivantes sont des mers chaudes, tempérées et froides.

Exemple : *R. crustacea*, d'Orb., 1851. *Millepora crustacea*, Linn., 1754, syst. x, sp. 16. *Millepora pumicosa*, Pallas, 1766. *Elench.*, p. 254, nº 157. Ellis, *Corall.*, pl. 30, fig. d, *D. Cellepora pumicosa*, Lamouroux, 1816, *Polyp. flex.*, p. 91, nº 180. *Id.*, Lamarck, 1816, *Anim. sans vert.*, édit. de 1836, II, p. 256. Océan et Méditerranée.

18ᵉ Genre. — TEREBRIPORA, d'Orb., 1839.

Colonie non superficielle, mais creusée dans l'intérieur de la substance testacée des coquilles, composée de cellules non contiguës, distantes, naissant les unes des autres par lignées longitudinales et latérales en même temps. De l'extrémité de la cellule adulte il naît un canal qui conduit à une nouvelle cellule, en même temps que deux canaux latéraux vont également donner naissance à une cellule de chaque côté. *Cellule* creusée par l'animal, sans doute au moyen d'un suc acide particulier, dans l'intérieur des coquilles de Mollusques, paraissant seulement par transparence, et n'ayant au dehors qu'une ouverture terminale ronde.

Rapports et différences. — Ce genre diffère de tous les Bryozoaires connus par ses cellules non superficielles, mais creusées par l'animal dans le test même des coquilles. C'est, en un mot, un Bryozoaire perforant, comme le sont les *Petricola* et les *Gastrochæna* parmi les Mollusques lamellibranches. Ce qu'il y a de plus singulier, c'est qu'avec une disposition de cellules identiques, et un mode de reproduction en tout semblable à celui des *Hippothea*, ce genre se creuse une demeure dans les coquilles de Gastéropodes et d'Acéphales.

Exemple : *T. ramosa*, d'Orb., 1839, *Voyage dans l'Amérique méridionale*, Polypiers, p. 23, pl. 10, fig. 16, 17. Arica, Pérou. Notre collection.

T. irregularis, d'Orb. 1839, *ibid.*, p. 23, pl. 10, fig. 18, 19. Iles Malouines. Notre collection.

IIe famille. — ESCHARINELLIDÆ, d'Orb., 1851.

Cellules entières, juxtaposées, sur deux plans opposés, sur un seul plan libre ou fixe, toutes égales, ovales, allongées ou hexagones, placées en lignes longitudinales et souvent en quinconce. Toujours pourvues d'un seul *pore spécial*, invariablement placé en avant d'une ouverture petite par rapport à la cellule. Souvent des vésicules ovariennes qui recouvrent le pore spécial.

Cette famille, pourvue de cellules semblables aux cellules des Escharidées, s'en distingue par la présence d'un *pore spécial* placé en avant de l'ouverture. Elle diffère de la famille des Porinidées par le pore placé en avant et non en arrière de l'ouverture. Cette division a été confondue jusqu'à présent avec les *Escharidées* ou les *Cellaria*. Voici comment nous divisons les genres de cette nouvelle famille :

	Genres.
A. Cellules autour d'un cylindre ou sur deux faces opposées de la colonie.	
a. Cellules autour de branches rondes cylindriques. . .	*Vincularina*.
b. Cellules sur deux faces opposées d'une colonie comprimée.	
* Cellules en lignes longitudinales	*Escharinella*.
** Cellules en lignes transversales.	*Melicerita*.
B. Cellules sur une seule face de la colonie.	
1. Une seule couche de cellules.	
a. Colonie en lame libre non encroûtante.	*Semiescharinella*.
b. Colonie fixe rampante et encroûtante.	*Repteschariinella*.
2. Plusieurs couches de cellules	*Multescharinella*.

1er Genre. — Vincularina, d'Orb., 1850.

Colonies identiques avec les colonies des *Vincularia*, dont ce genre a tous les caractères d'ensemble et de disposition des cellules, mais qui en diffère seulement par la présence, au-dessus de l'*ouverture* ordinaire, d'un *pore spécial* placé ou non sur une protubérance spéciale, et donnant quelquefois naissance à une *vésicule ovarienne*.

Jusqu'à présent, toutes les espèces de ce genre sont fossiles. Nous en avons décrit et figuré sept espèces dans notre *Paléon-*

tologie française, Terrains crétacés, t. V, p. 92 et suivantes, et pl. 198 et suivantes; pl. 601, fig. 4-6, 5-7; pl. 660, fig. 8-10; 660, fig. 11-13; pl. 682, fig. 16-18, 19-21.

2e Genre. — ESCHARINELLA, d'Orb., 1850.

Colonie non articulée, entière, testacée, fixée à la base par sa substance testacée, d'où partent des rameaux ou des lames comprimées représentant un ensemble dendroïde. *Cellules* juxtaposées sur deux plans opposés dans le sens de la compression, comme adossées les unes aux autres latéralement; elles sont presque toujours égales, régulièrement placées, les unes par rapport aux autres, en quinconce ou en lignes longitudinales et obliques, très variables de forme et plus ou moins distinctes. *Ouverture* ronde, ovale ou en croissant, transversale ou longitudinale, n'occupant jamais la moitié de la longueur des cellules, placée en avant de celles-ci, et jamais pourvue de membrane. Un *pore spécial* invariablement placé en avant et au-dessus de l'ouverture, donnant ou non naissance à une *vésicule ovarienne*. Nous n'avons pas vu de *cellules accessoires* sur les espèces qui nous sont connues.

Rapports et différences. — Tel que nous le circonscrivons, ce genre, avec tous les autres caractères des *Eschara*, s'en distingue par la présence du pore spécial qui existe en avant de l'ouverture. C'est, en un mot, un *Eschara* pourvu d'*un seul pore spécial* au-dessus de l'ouverture, ce qui n'existe jamais chez les *Eschara*, où les cellules ovariennes, lorsqu'elles existent, communiquent directement avec l'ouverture sans l'intermédiaire d'un pore spécial.

Aucune espèce de ce genre n'a encore été figurée par les auteurs. Les premières espèces sont de l'étage cénomanien des terrains crétacés. Nous connaissons des espèces vivantes des mers de l'Inde et de la Chine dans les régions chaudes.

Nous en avons décrit et figuré six espèces des terrains crétacés dans notre *Paléontologie française*, t. V, p. 201 et suiv., pl. 683.

3e Genre. — MELICERITA, Edwards, 1836.

Colonie absolument comme celle des *Escharinella*, avec cette seule différence que les cellules, au lieu de naître par lignées longitudinales au bout des cellules préexistantes, naissent sur le côté de l'extrémité des cellules, sans former de lignées longitudinales, mais des cellules régulièrement en quinconce par lignes transversales.

Rapports et différences. — Les *Melicerita* de M. Edwards sont aux *Escharinella* ce que sont nos *Latereschara* aux *Eschara;* ils en diffèrent par le mode de groupement des cellules dans la colonie, et le mode de reproduction par bourgeons latéraux et non antérieurs.

On connaît une seule espèce du 26e étage falunien du crag d'Angleterre. *M. Charlesvorthii*, Edwards, 1836, *Ann. des sc. nat.*, p. 26. pl. 12, fig. 19. De Sudbourne (Suffolk).

4e Genre. — SEMIESCHARINELLA, d'Orb., 1851.

Colonie entière, fixée à sa base par sa substance testacée, d'où partent des lames libres pourvues de cellules d'un seul côté. *Cellules* juxtaposées sur une face, et placées par lignées longitudinales et en quinconce, souvent distinctes. *Ouverture* petite, variable, occupant l'extrémité antérieure de la cellule. En avant de chaque ouverture, se voit un *pore spécial* unique et médian.

Avec des cellules identiques avec les cellules des deux genres précédents, celui-ci s'en distingue par sa colonie formée d'une seule couche de cellules au lieu de deux adossées. Également voisin du genre *Repteścharinella*, celui qui nous occupe s'en distingue par sa colonie libre, et non rampante ou encroûtante à la surface des corps sous-marins.

La seule espèce que nous connaissions est du 22e étage sénonien ou craie blanche. *Paléontologie*, pl. 714, fig. 1-4.

5e Genre. — Repteścharinella, d'Orb., 1851.

Colonie entière fixée par toute sa surface, et enveloppant les corps sous-marins par encroûtement. *Cellules* juxtaposées, placées par lignées longitudinales et en quinconce. *Ouverture* médiocre placée en avant de la cellule. Le *pore spécial* est médian ou sur le côté, mais toujours en avant de l'ouverture.

Comme on le voit, les *Repteścharinella* diffèrent du *Semiescharinella* par leur colonie fixe, rampante à la surface des corps au lieu d'être libre. La disposition des cellules est hors cela absolument la même. Toutes les espèces que nous connaissons sont fossiles de l'étage sénonien. De Rugen et de France.

Nous en avons figuré une espèce dans *Paléontologie française*, terrains crétacés, pl. 714, fig. 5-7.

6e Genre. — Multescharinella, d'Orb., 1851.

Colonie testacée, composée d'un ensemble encroûtant, rampant à la surface des corps sous-marins, sans affecter aucune forme régulière; pourvue de cellules d'un seul côté. *Cellules* amoncelées sur une seule face, de forme ovale, saillantes ou non. *Ouverture* petite, variable, placée en avant de la cellule. Un *pore spécial* placé en avant de l'ouverture, et devant remplacer la vésicule ovarienne.

Avec des cellules semblables à tous les autres genres de la famille, celui-ci s'en distingue parce que, non simplement formé d'une seule couche de cellules, il se compose au contraire de nombreuses cellules agglomérées placées les unes sur les autres, de manière à ce que les dernières recouvrent entièrement les autres, et forment un ensemble d'autant plus épais que la colonie est plus âgée.

Nous connaissons une seule espèce de ce genre, *M. prolifera*, d'Orb., 1851. *Cellepora prolifera*, Reuss, 1848. *Foss. polyp. der Wiener*, pl. 9, fig. 15*, 15** du 26e étage falunien. Vienne (Autriche).

IIIe FAMILLE. — PORINIDÆ, d'Orb., 1851.

Cellules entières, juxtaposées, sur deux plans opposés, sur un seul plan libre ou fixe, toutes égales, ovales ou anguleuses, saillantes, placées en lignées longitudinales et en quinconce. *Ouverture* souvent saillante en tube, ronde et terminale. Un seul *pore spécial* placé invariablement en arrière de l'ouverture, souvent à la partie médiane. Nous ne connaissons dans cette famille ni cellules accessoires, ni vésicules ovariennes.

Avec les mêmes caractères généraux de cellules que les deux familles précédentes, celle-ci se distingue de la première par la présence d'un pore spécial, et de la seconde par son pore spécial non placé en avant ou sur le côté de l'ouverture, mais invariablement en arrière de celle-ci sur le milieu de la cellule.

Les auteurs ont confondu cette famille avec les *Eschara*, et la présence de l'ouverture tubuleuse de quelques espèces d'un des genres nous les avait fait confondre avec les *Bidiastopora*, dont nous les retirons aujourd'hui pour les placer ici où les classent leurs caractères naturels. Nous donnons, dans le tableau suivant, les caractères opposables des genres que nous rangeons dans cette famille.

I. Colonie entièrement libre, cunéiforme. . . . . *Flabellopora.*
II. *Colonie fixe* rameuse ou lamelliforme.
  A. Cellules sur deux faces opposées d'un ensemble rameux . . . . *Porina.*
  B. Cellules sur une seule face de la colonie.
    a. Colonie libre non encroûtante.
      * Colonie rameuse, cellules sur quatre lignées. . *Sparsiporina.*
      ** Colonie lamelleuse, cellules sur un nombre indéfini de lignées . . . . *Semiporina.*
    b. Colonie fixe rampante et encroûtante . . . . . . *Reptoporina.*

1er Genre. — FLABELLOPORA, d'Orb., 1850.

Colonie non articulée, entière, testacée, entièrement libre, représentant un rhomboïde plein, comprimé, acuminé en coin anguleux en arrière, élargi en éventail sur les côtés, terminé en dessus par une surface saillante arrondie. *Cellules* adossées sur deux plans opposés, disposées latéralement en quinconce régulier par suite de lignes parallèles aux deux côtés que forment l'éventail, qui se croisent régulièrement ; les cellules sont d'autant plus grandes qu'elles s'éloignent davantage de la base. Toutes sont concaves au milieu et de forme rhomboïdale ; elles naissent alternativement de chaque côté sur la tranche de la partie antérieure du rhomboïde. *Ouverture* ovale placée en long au milieu de la cellule. Deux *pores spéciaux* en arrière de l'ouverture sur la ligne médiane.

Rapports et différences. — Par son ensemble rhomboïdal ou flabelliforme, libre, ne montrant aucun point d'adhérence, et par ses cellules croissant régulièrement à mesure que l'ensemble grandit, ce genre se distingue nettement de tous les autres. C'est, nous le croyons, le seul exemple d'un Bryozoaire libre, voisin du reste des *Eschara* par sa forme et les deux plans adossés de ses cellules.

Nous avons découvert la seule espèce connue du genre dans les sables de fond, pris au niveau de 20 mètres environ de profondeur, dans les mers de la Chine, près de Ouantang et d'Hainan, par MM. Cécile et de Candé. L'espèce légèrement renflée au milieu, rhomboïdale, nous la nommons *Flabellopora elegans*, d'Orb. (de notre collection). *Paléontologie française*, pl. 661.

2e Genre. — Porina, d'Orb., 1851.

Bidiastopora (pars), d'Orb., 1850. *Eschara*, de Hagenow, 1851, *auctorum*

Colonie non articulée, entière, testacée, fixée à la base par sa substance testacée, d'où partent des rameaux comprimés représentant un ensemble dendroïde. *Cellules* juxtaposées sur deux plans opposés, dans le sens de la compression, comme adossées les unes aux autres latéralement, égales, placées les unes par rapport aux autres en lignées longitudinales et en quinconce, peu distinctes, le plus souvent comme tubuleuses, l'*ouverture* toujours antérieure étant quelquefois saillante en tube. Un *pore spécial* placé en arrière de l'ouverture à la partie médiane ou latérale de la cellule. Nous ne connaissons ni cellules accessoires ni vésicules ovariennes. Les vieilles branches ont les tiges très encroûtées, et souvent les ouvertures oblitérées. L'usure des branches produit les aspects les plus différents. Du reste, le mode d'accroissement est absolument le même que celui des *Eschara*.

Rapports et différences. — Ce genre, par son aspect extérieur, peut facilement se confondre avec les *Bidiastopora*, mais des différences profondes d'organisation les distinguent. En effet, chez les *Porina*, il y a toujours des cellules juxtaposées, tandis que les *Bidiastopora* ont ces cellules *centrifuginées* (voy. t. XVI, p. 306), c'est-à-dire dont le germe part de la base et décrit ensuite une ligne parabolique. Ces genres appartiennent donc à deux modes spéciaux d'organisation intérieure qu'on ne peut confondre. Les deux séries de cellules adossées des colonies de ce genre empêchent de les confondre avec les autres genres de la famille, tous formés de colonie à cellules d'un seul côté.

Histoire. — Une espèce usée et méconnaissable a été décrite et figurée par Goldfuss, en 1826, sous le nom d'*Eschara filograna*. En 1847, nous en avons cité une espèce sous le nom de *Bidiastopora ramosa*. En 1850, nous en avons figuré deux espèces parmi nos *Bidiastopora*, *Paléontologie française*, pl. 626, fig. 5 à 15. En 1851, M. de Hagenow a donné nos deux espèces sous un grand nombre de noms différents ; tandis que ce ne sont que des degrés différents d'usure ou d'altération due à la fossilisation.

Toutes les espèces sont vivantes et fossiles des étages sénonien, parisien et falunien. Nous connaissons onze espèces. Voyez *Paléontologie française*, pl. 626, fig. 5-10, 11-15 ; pl. 714, fig. 8-10 et 11-13.

3ᵉ Genre. — Sparsiporina, d'Orb., 1851.

Colonie entière testacée, fixée à sa base par sa substance testacée, d'où partent des rameaux comprimés, pourvus d'un seul côté de quatre lignées longitudinales de cellules. *Cellules* juxtaposées, placées les unes par rapport aux autres, par lignes longitudinales et en quinconce, très distinctes, saillantes, convexes, terminées antérieurement par une *ouverture* circulaire. En arrière de cette ouverture, on voit un *pore spécial* placé au milieu.

Rapports et différences. — Avec des cellules identiques avec les cellules des ***Porina***, ce genre s'en distingue par ses colonies n'ayant de cellules que d'un côté. Avec des cellules d'un seul côté, comme chez les ***Semiporina***, ce genre s'en distingue par sa colonie rameuse dendroïde, au lieu de former de simples lames flexueuses.

La seule espèce connue a été classée, en 1848, dans le genre *Retepora*, par M. Reuss ; mais il est facile de se convaincre qu'elle n'a que des rapports éloignés avec les *Retepora*.

Exemple : *Sparsiporina elegans*, d'Orb., 1851. ***Retepora elegans***, Reuss, 1848. ***Aus Siener foss. polyp. Wien. tert.***, pl. 6, fig. 38. Fossile du vingt-sixième étage falunien des environs de Vienne (Autriche).

4ᵉ Genre. — Semiporina, d'Orb., 1851.

Colonie entière testacée, formée de grandes lames flexueuses irrégulières, pourvues, d'un seul côté, de nombreuses lignées longitudinales de cellules. *Cellules* juxtaposées, plus ou moins distinctes, convexes ou concaves, pourvues, à la partie antérieure, d'une *ouverture* terminale variable de forme. En arrière de l'ouverture, on voit un *pore spécial* très prononcé.

Rapports et différences. — Ce genre avec des cellules identiques, et, d'un seul côté, d'une colonie libre comme les *Sparsiporina*, s'en distingue néanmoins par sa colonie en lames minces, flexueuses, souvent très étendues, formées d'un grand nombre de lignées de cellules, au lieu d'en avoir quatre seulement sur une branche étroite dendroïde.

Les cinq espèces connues sont vivantes ou fossiles des terrains tertiaires. Deux de ces dernières ont été décrites sous le nom de *Vaginipora* par M. Reuss ; mais ce genre *Vaginipora* de M. Defrance, toujours incertain, n'est pas encore reconnu pour être un Bryozoaire.

Exemple : *S. fissurella*, d'Orb., 1851. *Vaginipora fissurella*, Reuss, 1848. *Foss. Polyp. der Wiener*, pl. 9, fig. 5. Fossile du vingt-sixième étage falunien de Vienne (Autriche).

S. geminipora, d'Orb., 1851. *Vaginipora geminipora*, Reuss, 1848. *Foss. Polyp. Wiener*, pl. 9, fig. 3, 4. Vienne (Autriche).

5e Genre. — Reptoporina, d'Orb., 1851.

Colonie testacée, rampante, encroûtante à la surface des corps sous-marins, pourvue d'une seule couche de cellules en lignées longitudinales plus ou moins régulières. *Cellules* juxtaposées plus ou moins distinctes, variables de forme, pourvues antérieurement d'une ouverture de forme diverse. En arrière on remarque un *pore spécial* très prononcé.

Rapports et différences. — Avec des cellules d'un seul côté comme les *Semiporina*, ce genre s'en distingue par ses colonies non en lames libres, mais en surface encroûtante sur les corps sous-marins où il forme des taches irrégulières.

Les vingt espèces connues sont fossiles des étages sénonien, parisien et falunien, et vivantes de toutes les mers, chaudes, tempérées et froides.

Exemples : *R. simplex*, d'Orb., 1851. *Escharina simplex*, d'Orb., 1839. *Voy. dans l'Amér. mérid.*, p. 13, pl. 5, fig. 5-8. Iles Malouines. Notre collection.

R. cornuta, d'Orb., 1851. *Escharina cornuta*, d'Orb., 1839; *ibid.*, p. 13, pl. 5, fig. 13-16. Valparaiso, Chili. Notre collection.

IVe Famille. — ESCHARELLINIDÆ, d'Orb., 1851.

Cellules entières juxtaposées, sur deux plans opposés, ou sur un seul plan libre ou fixe, égales, variables de forme ; ouverture terminale petite ; deux *pores spéciaux* placés autour de l'ouverture. Quelquefois des cellules accessoires.

Rapports et différences. — Avec des cellules disposées et analogues à celles des Escharidées, cette famille s'en distingue, ainsi que toutes les autres, par la présence de deux *pores spéciaux* ou plus, autour de l'ouverture.

Confondus, quand ils étaient connus, avec les *Eschara*, les *Cellepora*, les *Escharina* et beaucoup d'autres genres, ceux que nous plaçons dans la famille se divisent de la manière suivante par leurs caractères opposables.

A. Cellules autour ou des deux côtés de la colonie.
  a. Colonie conique, libre, avec des cellules tout autour. . . . . *Conescharellina.*
  b. Colonie, avec des cellules sur deux faces opposées. *Escharellina.*
B. Cellules sur une seule face de la colonie.
  a. Colonie composée d'une seule couche de cellules.
    * Colonie libre, lamelleuse, non encroûtante . . *Semiescharellina.*
    ** Colonie fixe, rampante, encroûtante.
      1. Cellules distinctes séparées. . . . . *Distanseschareliina.*
      2. Cellules juxtaposées non séparées. . . . . *Reptescharellina.*
  b Colonie composée de plusieurs couches superposées de cellules . . . . *Multescharellina.*

1er Genre. — CONESCHARELLINA, d'Orb., 1851.

Colonie entière, tout à fait libre, représentant un cône acuminé d'un côté, élargi et tronqué de l'autre. *Cellules* juxtaposées placées autour du cône sur dix lignées longitudinales et en quinconce, toutes égales, ovales, allongées dans le sens du rayonnement du centre à la circonférence du cône. *Ouverture* ronde, petite, placée à l'extrémité saillante de la cellule. Des deux *pores spéciaux*, l'un est près de l'ouverture sur la ligne médiane des cellules, et l'autre sur le côté, dans le sillon qui sépare les cellules.

Observation. — Il paraît que, dans l'accroissement, les nouvelles cellules naissent sur le côté large du cône, qui devient d'autant plus long qu'il a reçu plus de cellules successives. On pourrait même croire que, dans le jeune âge, la colonie peut être fixée par l'extrémité conique.

Rapports et différences. — La forme conique de la colonie distingue bien nettement ce genre de tous les autres.

Toutes les espèces sont vivantes et des mers de l'Inde.

Exemple : *Conescharellina angustata*, d'Orb., 1851. Cette espèce est conique ; elle se distingue de la suivante parce que, du côté large du cône, toutes les cellules viennent se réunir au centre, Ile de Basilan (notre collection). *Paléontologie française*, pl. 714, fig. 14-16

2e Genre. — ESCHARELLINA, d'Orb., 1851.

Colonie entière, fixée à sa base par sa substance testacée même, d'où partent des rameaux comprimés, formant un ensemble dendroïde. *Cellules* juxtaposées sur deux plans opposés, dans le sens de la compression, comme adossées les unes aux autres, égales, souvent convexes, et assez régulièrement placées en lignées longitudinales et en quinconce, fréquemment perforées de petits trous irréguliers à leur surface. *Ouverture* ronde, petite, n'occupant que l'extrémité antérieure et sans membrane. Plusieurs *pores spéciaux*, irréguliers, placés seulement autour, et le plus fréquemment sur les côtés de l'ouverture.

Rapports et différences. — Ce genre, pourvu de pores, comme les *Escharinella*, les a autrement disposés. Au lieu d'en avoir un seul, au milieu, en avant de l'ouverture, les pores sont ici plus nombreux, placés presque toujours latéralement à l'ouverture, souvent un de chaque côté; mais aussi quelquefois ils sont plus nombreux.

Nous connaissons aujourd'hui seize espèces; elles commencent dans les terrains crétacés, mais ont leur maximum dans les terrains tertiaires.

Exemple : *Escharellina oculata*, d'Orb., *Paléontologie française*, t. V, pl. 627, fig. 17-21. De l'étage sénonien de France.

3e Genre. — SEMIESCHARELLINA, d'Orb., 1851.

Colonie entière, fixée à sa base par sa substance testacée, d'où partent des lames libres pourvues de cellules d'un seul côté. *Cellules* juxtaposées sur une seule face, et placées par lignées longitudinales et en quinconce, le plus souvent distinctes. *Ouverture* petite, terminale. En avant ou sur le côté de l'ouverture, on remarque toujours deux *pores spéciaux* de forme variable.

Comme on le voit, ce genre, avec tous les caractères identiques avec les cellules que nous avons vus aux *Escharellina*, s'en distinguent, parce que leurs colonies, au lieu d'avoir deux séries de cellules adossées l'une à l'autre, n'en ont qu'une seule sur une seule face.

Nous connaissons une seule espèce fossile de l'étage sénonien : *Semiescharellina mumia*, d'Orb., 1851, *Paléontologie française*, Terrains crétacés, pl. 714, fig. 17-20. De Sainte-Colombe (Manche).

4e Genre. — Distansescharellina, d'Orb., 1851.

Colonie entière, fixée et rampante à la surface des corps sous-marins par tous ses points, composée de cellules sur une seule couche, placées par lignées irrégulières. *Cellules* séparées les unes des autres latéralement, et comme isolées. *Ouverture* antérieure, deux *pores spéciaux* autour de l'ouverture.

Rapports et différences. — Ce genre est aux *Escharellina* absolument ce qu'est le genre *Mollia* aux *Eschara*. Les cellules ici sont isolées les unes des autres latéralement, caractère qui les distingue des *Reptescharellina*, où ces cellules sont contiguës de tous les côtés. La seule espèce connue est la suivante :

D. pteropora, d'Orb., 1851; *Cellepora pteropora*, Reuss, 1848, *Foss. Polyp. des Wiener.*, t. XXVI, pl. 9. Vienne (Autriche); du 26e étage falunien.

5e Genre. — Reptescharellina, d'Orb., 1851.

Colonie entière, fixée par toute sa surface encroûtante sur les corps sous-marins. *Cellules* juxtaposées sur une seule couche, en lignées longitudinales et en quinconce, plus ou moins régulières, variables dans leurs formes, planes, souvent convexes, obliques ou non. *Ouverture* ronde ou ovale, souvent saillante, presque toujours terminale. *Deux pores spéciaux* en avant ou en arrière de l'ouverture.

Rapports et différences. — Ce genre, composé de cellules sur une seule couche, comme chez le genre *Semiescharellina*, s'en distingue bien nettement par ses colonies rampantes et encroûtantes à la surface des corps sous-marins, au lieu d'être en lames libres.

Les espèces vivantes sont de toutes les mers, mais surtout de la mer Rouge, où elles vivent parasites sur les plantes et les coquilles marines ; les espèces fossiles commencent à paraître dans les terrains crétacés, à l'étage cénomanien. Nous en connaissons vingt-cinq espèces : le maximum actuel se trouve dans l'étage falunien.

Exemple : *Reptescharellina Oceani*, d'Orb., 1851. *Escharina Oceani*, d'Orb., 1850. *Paléontologie française*, pl. 605, fig. 14, 15. Fossile de l'étage cénomanien du Mans (Sarthe), et trois autres espèces de l'étage sénonien données dans le même ouvrage, pl. 715.

6ᵉ Genre. — MULTESCHARELLINA, d'Orb., 1851.

Colonie entière, fixe, encroûtante, formant des monticules sur les corps sous-marins. *Cellules* juxtaposées, ou amoncelées en plusieurs couches les unes sur les autres, sans montrer de lignes quinconciales. Elles sont obliques, plus hautes que larges, ou même cylindriques. *Ouverture* presque terminale, ronde, saillante, pourvue de deux *pores spéciaux*, un de chaque côté de l'ouverture, souvent sur des saillies spéciales.

Rapports et différences. — Ce genre diffère de tous les autres en ce que la colonie, encroûtante comme celle des *Reptescharellina*, est formée de cellules amoncelées sur plusieurs couches, comme chez les *Reptocelleporaria*, mais se distinguant de ce dernier genre par des cellules identiques avec les *Escharellina*, c'est-à-dire pourvues de deux pores spéciaux.

Nous connaissons six espèces de ce genre, vivantes, des côtes de l'Algérie, de France, ou fossiles de l'étage sénonien de Rugen (Suède).

Exemple : *Multescharellina accumulata*, d'Orb., 1851. *Cellepora accumulata*, de Hagenow, 1839, *in Jarhb.*, p. 270. Roemer, 1840, *Kreide*, p. 25. *Geinitz verstein*, p. 611, pl. 236, fig. 32, Fossile de l'étage sénonien de Rugen. Notre collection. Nous avons parfaitement reconnu les caractères de ce genre sur l'échantillon qui nous a été donné par M. de Hagenow.

Ve Famille. — ESCHARELLIDÆ, d'Orb., 1851.

Cellules juxtaposées, sur deux plans opposés ou sur un seul plan libre ou fixe, égales, criblées de fossettes régulières, souvent transverses ou rayonnantes, généralement placées en arrière de l'ouverture. *Ouverture* variable, sans pores spéciaux autour. *Cellules accessoires* rares, plus grandes que les autres, et ouvertes sur une partie de leur longueur.

Cette famille pourvue de fossettes nombreuses, régulièrement disposées sur la cellule, comme les deux familles suivantes, s'en distingue par le manque de pores spéciaux distincts, comme on le verra dans ces deux familles.

Nous divisons les genres de cette famille ainsi qu'il suit, en plaçant leurs caractères opposables.

A. Fossettes tout autour de la cellule; cellules sur deux faces opposées. *Escharifora.*

B. Fossettes seulement en arrière de l'ouverture.

- *a*. Colonie avec des cellules sur deux faces opposées. *Escharella.*
- *b*. Colonie avec des cellules sur une seule face.
  - * Colonie libre, lamelleuse, non encroûtante. . . *Semiescharella.*
  - ** Colonie fixe, rampante, encroûtante.
    - 1. Cellules distantes, éloignées. . . . . *Distanseschareella.*
    - 2. Cellules contiguës, en contact. . . . . . . *Repteschareella.*

1er Genre. — Escharifora, d'Orb., 1851.

Colonie entière, fixée à sa base par sa substance testacée, d'où part un ensemble flabelliforme ou spatuliforme en palettes. *Cellules ordinaires* juxtaposées, sur deux plans opposés, dans le sens de la compression, comme adossées les unes aux autres. Elles sont égales, régulières, excavées, placées en lignées longitudinales et en quinconce. *Ouverture* très petite, en demi-lune transverse, placée presque au milieu de la cellule ; une série de fossettes entoure toute la cellule et y forme un encadrement. *Cellules accessoires* réparties comme chez les *Eschara.*

Rapports et différences. — Ce genre, avec des cellules criblées, avec un ensemble de cellules ordinaires et accessoires identiques avec celles des *Escharellidæ*, s'en distingue parce que la cellule ordinaire est entourée d'une série de fossettes qui l'encadrent, et lui donnent un aspect singulier. Voisin des *Escharella* par ses fossettes, ce genre diffère par celles-ci occupant tout le pourtour de la cellule, au lieu d'être en arrière de l'ouverture seulement. C'est un type remarquable encore, caractérisé par la position médiane de son ouverture en demi-lune, tandis que les ouvertures de cette forme sont toujours antérieures chez les autres *Escharellidæ*.

Les espèces que nous connaissons sont toutes de l'étage sénonien ou craie blanche de France. Voyez *Paléontologie française*, **p. 208, pl. 666, fig. 13-16; pl. 671, fig. 1-4, pl. 684, fig. 1-8; pl. 715, fig. 10-16.**

2e Genre Escharella, d'Orb., 1851.

Colonie en tout semblable aux colonies d'*Eschara*. *Cellules ordinaires* juxtaposées, souvent inégales, généralement convexes, criblées sur toute leur surface postérieure à l'ouverture, de petites fossettes généralement transverses, rayonnantes, ou placées en long par lignes rayonnantes. *Ouverture* ordinaire, en avant des cellules, et sans pores spéciaux autour. *Cellules accessoires* très rares, mais plus grandes que les autres, et ouvertes sur toute leur longueur.

Rapports et différences. — Avec des cellules analogues de forme et disposées comme les cellules des *Eschara*, ce genre s'en distingue par la surface postérieure à l'ouverture de ces cellules, criblée de petites fossettes régulièrement disposées en rayons ou en lignes transverses. Il s'en distingue encore par ses cellules accessoires ouvertes sur la moitié de leur longueur et de toute autre forme. Plus voisin des *Escharipora*, également criblés de fossettes, il s'en distingue par le manque de *pores spéciaux* sur les côtés et en avant de l'ouverture. Ce genre avait été jusqu'à présent confondu avec les *Eschara* : une seule espèce était connue.

Toutes les espèces que nous connaissons sont fossiles, et même, chose remarquable, elles appartiennent à l'étage sénonien ou craie blanche de Maëstricht, de Paris, et du bassin pyrénéen de France.

Nous en avons décrit et figuré trois espèces. *Paléontologie française*, t. V, p. 219, pl. 666, fig. 7, 9; pl. 684, fig. 9-11.

3e Genre. — Semiescharella, d'Orb., 1851.

Colonie formée d'une lame libre portant des cellules d'un seul côté. *Cellules* juxtaposées, convexes, criblées à sa partie postérieure, à l'ouverture seulement, d'une série de fossettes tout autour : ces fossettes rayonnantes. *Ouverture* antérieure terminale, sans pores spéciaux autour.

Rapports et différences. — Avec des cellules identiques avec les cellules des *Escharella*, ce genre en diffère par sa colonie formée d'une simple lame libre ayant des cellules d'un seul côté. Il se distingue des deux genres suivants par sa colonie libre et non encroûtante.

Nous ne connaissons encore qu'une seule espèce de ce genre vivante et de la Méditerranée.

Semiescharella flexuosa, d'Orb., **1851.** Espèce en lame flexueuse, épaisse, comme bosselée, dont les cellules sont grandes, convexes, avec une seule série de fossettes tout autour. *Ouverture* terminale saillante, non bordée, ovale et grande. Dans les régions profondes de la côte d'Afrique, près d'Alger. Notre collection.

4e Genre. — Distanseschaella, d'Orb., 1851.

Colonie formée d'une surface encroûtante, rampante à la surface des corps sous-marins. *Cellules* ordinaires distantes les unes des autres et séparées par un intervalle, toutes convexes, ovales, pourvues de petites fossettes transverses un peu rayonnantes placées tout autour de la cellule, en arrière de l'ouverture. *Ouverture* antérieure terminale, sans pores spéciaux autour. Dans l'intervalle qui sépare les cellules se remarquent d'autres *cellules accessoires* très petites ayant à peine le quart des autres, mais de même forme.

Rapports et différences. — Ce genre est aux autres genres de la famille ce que sont les *Mollia* par rapport aux Escharidées, avec cette différence, que les cellules ordinaires sont criblées de fossettes, et que l'intervalle des cellules ordinaires est couvert de petites cellules accessoires. Ce dernier caractère le distingue des *Repteschareila*, dont les cellules sont contiguës.

Nous connaissons de ce genre trois espèces fossiles de l'étage sénonien, décrites comme *Escharina* ou *Cellepora* par MM. Roemer, de Hagenow et Reuss, mais s'en distinguant par tous les caractères génériques assignés à ce dernier genre.

Exemple : *Distansescharella inflata*, d'Orb., 1851. *Escharina inflata*, Roemer, 1840. Kreide, p. 14, pl. 5, fig. 5. Étage sénonien de Gehrden.

Distansescharella radiata, d'Orb., 1851. *Escharina radiata*, Reuss, pl. 15, fig. 19 (non Roemer, 1840). L'espèce de Roemer a les cellules contiguës et dépend du genre *Repteschareila*, tandis que l'espèce figurée sous le même nom par M. Reuss a les cellules distantes. Craie de Bohême.

5e Genre. — REPTESCHARELLA, d'Orb, 1851.

Colonie formée d'une surface irrégulière encroûtante, rampante à la surface des corps sous-marins. *Cellules* d'une seule sorte, toutes en contact les unes avec les autres, convexes, ovales, pourvues, en arrière de l'ouverture seulement, de fossettes par lignes rayonnantes ou transversales très régulières. *Ouverture* antérieure terminale sans pores spéciaux autour.

Rapports et différences. — Composé de cellules encroûtantes et rampantes à la surface des corps sous-marins, comme les *Distansescharella ;* ce genre s'en distingue par ses cellules en contact et non distantes les unes des autres. Ce genre est aux *Escharella* ce que sont les *Cellepora* aux *Eschara.*

Nous en connaissons un grand nombre d'espèces vivantes et fossiles. Fossiles, elles commencent à paraître avec l'étage cénomanien, et ont leur maximum de développement dans le vingt-deuxième étage sénonien ou craie blanche. Vivantes, elles sont de toutes les mers, mais principalement des mers chaudes et tempérées.

Nous en figurons neuf espèces dans notre *Paléontologie française*, Terrains crétacés, pl. 604, fig. 11, 12 ; pl. 715 et 716.

VIᵉ Famille. — PORELLIDÆ, d'Orb., 1851.

Cellules juxtaposées, criblées de fossettes régulières transverses ou rayonnantes placées en arrière de l'ouverture. *Ouverture* variable pourvue d'un seul *pore spécial* placé toujours au milieu et en avant de l'ouverture ; souvent des vésicules ovariennes.

Avec des cellules semblables aux cellules des *Escharellidæ*, cette famille s'en distingue par la présence d'un pore spécial antérieur à l'ouverture ; elle diffère des *Eschariporidæ* par un seul pore spécial médian au lieu de deux ou plus de pores spéciaux pairs.

Les genres de cette famille avaient été dispersés dans les genres *Eschara*, *Cupularia* et *Cellepora*, suivant leur mode de groupement en colonie circulaire ou rampante. Ils sont vivants et fossiles, mais commencent avec le vingt-deuxième étage sénonien dans les terrains crétacés.

Nous les divisons de la manière suivante, en mettant leurs caractères en opposition.

A. Colonie libre, non encroûtante ; discoïdale, convexe d'un côté. . . . . *Discoporella*.
B. Colonie fixe, rampante, encroûtante. . . . . *Repteschrella*.

1ᵉʳ Genre. — Discoporella, d'Orb., 1851.

Colonie entière, fixe seulement dans le jeune âge, libre ensuite, orbiculaire, convexe d'un côté, plane ou concave de l'autre. *Cellules* d'un seul côté, juxtaposées, placées sur la face convexe seulement et invariablement disposées en quinconce, dirigées du centre à la circonférence ; chacune est concave, bordée d'une forte côte commune, criblée, en arrière de l'ouverture, de fossettes rayonnantes régulières. *Ouverture* transverse antérieure, petite, en avant de laquelle est un *pore spécial* unique, médian, très régulier, placé invariablement en avant de l'ouverture. Sur la face plane ou concave sont des sillons irréguliers divergents, au milieu desquels naissent d'autres sillons, sur une surface criblée de pores.

Rapports et différences. — Ce genre diffère du suivant par ses colonies circulaires, convexes d'un côté, concaves de l'autre, libres et semblables aux *Lunulites*. Il se distingue des *Lunulites* et des *Cupularia* par ses cellules pourvues de fossettes régulières rayonnantes et non entières.

Toutes les espèces que nous connaissons aujourd'hui sont fossiles des terrains tertiaires, ou vivantes dans les mers tempérées.

Exemple : *Discoporella umbellata*, d'Orb., 1851. Voyez *Paléontologie française*, pl. 717, fig. 1-5. *Lunulites umbellata*, Def., 1823. *Dict. des sc. nat.*, t. XXVII, p. 361. Blainville, *Manuel d'actin.*, pl. 72, fig. 1. Souvent du diamètre de 10 à 12 millimètres, cette espèce est convexe d'un côté, concave de l'autre, fortement découpée en dents tout autour. *Cellules* rhomboïdales ornées en dedans d'un encadrement commun saillant, de cinq fossettes aiguës rayonnantes de chaque côté. *Ouverture* transverse semi-lunaire. Le *pore spécial* est en avant bordé de bourrelets et très distinct. Le dessous de la colonie a des sillons partagés de distance en distance. Fossile de l'étage falunien des environs de Pontlevoy (Loir-et-Cher), des environs d'Angers (Maine-et-Loire).

2ᵉ Genre. — Reptoporella, d'Orb., 1851.

Colonie formée d'une surface irrégulière encroûtante, rampante sur les corps sous-marins. *Cellules* sur une seule couche, toutes en contact les unes avec les autres, convexes, ovales, pourvues seulement en arrière de l'ouverture de fossettes par lignes rayonnantes. *Ouverture* antérieure terminale. Un *pore spécial* placé en avant de l'ouverture.

Exemple : L'espèce connue le *R. regularis*, de l'étage sénonien, est figurée dans notre *Paléontologie française*, pl. 717, fig. 6, 7. De Sainte-Colombe (Manche).

VIIᵉ Famille. — PORELLINIDÆ, d'Orb., 1851.

Cellules juxtaposées, criblées de fossettes régulières transverses ou rayonnantes placées en arrière de l'ouverture. *Ouverture* variable, terminale en avant, pourvue d'un seul pore spécial placé toujours au milieu et en arrière de l'ouverture.

Cette famille, à cellules fossiculées comme chez les Porellidées, s'en distingue par la place du pore spécial placé en arrière de l'ouverture, au lieu d'être en avant.

Les espèces sont dispersées dans les genres *Eschara* et *Cellepora* des auteurs, suivant qu'elles ont deux séries de cellules ou une seule. Voici les caractères différents des genres que nous y plaçons :

A. Cellules sur deux faces opposées d'une colonie comprimée. *Porellina.*
B. Cellules sur une seule face, colonie rampante. . . . . . . *Reptoporellina.*

1er Genre. — Porellina, d'Orb., 1851.

Colonie formée de lames ou de branches comprimées. *Cellules* juxtaposées sur deux plans opposés, dans le sens de la compression, comme adossées les unes aux autres, régulièrement placées par lignées longitudinales et en quinconce, très variables de forme, criblées en arrière de l'ouverture de fossettes nombreuses en bordure ou rayonnantes. *Ouverture* terminale antérieure n'occupant qu'une petite partie de l'ensemble de la cellule. Un *pore spécial* placé en arrière de l'ouverture sur la ligne médiane.

Ce genre diffère du suivant par deux séries de cellules adossées, au lieu d'une seule.

Les espèces de ce genre, rencontrées fossiles dans l'étage falunien, ont été données dans le genre *Eschara* par M. Reuss.

Exemple : *Porellina macrocheila*, d'Orb., 1851. *Eschara macrocheila*, Reuss, 1848. *Foss. Polyp. der Wiener*, pl. 8, fig. 14. Vienne (Autriche).

Porellina coscinophora, d'Orb., 1851. *Eschara coscinophora*, Reuss, 1848. *Foss. Polyp. der Wiener*, pl. 8, fig. 20. Vienne (Autriche).

2e Genre. — Reptoporellina, d'Orb., 1851.

Colonie entière, formée d'une lame irrégulière, encroûtante sur les corps sous-marins. *Cellules* juxtaposées, placées en lignées longitudinales et en quinconces irréguliers; chacune est ovale, peu distincte, criblée, en arrière de l'ouverture, de fossettes transversales tout autour. *Ouverture* terminale, petite, saillante. Un *pore spécial*, placé près de l'ouverture, au milieu et en arrière de celle-ci.

Rapports et différences. — Avec des cellules sur un seul côté, et criblées de fossettes comme chez les *Reptoporella*, ce genre s'en distingue par la position du pore spécial en arrière de l'ouverture et non en avant. Avec des cellules et le pore spécial identique avec ce qu'on voit chez les *Porellina*, ce genre n'a des cellules que d'un seul côté, et encroûtantes.

Nous ne connaissons encore qu'une espèce à l'étage falunien.

Exemple : *Reptoporellina Heckeli*, d'Orb., 1851 ; *Cellepora Heckeli*, Reuss, 1848, *Foss. Polyp. der Wiener*, pl. 10, fig. 10. Vienne (Autriche).

VIIIe FAMILLE. — ESCHARIPORIDÆ, d'Orb., 1851.

Cellules juxtaposées, criblées de fossettes régulières transversales ou rayonnantes placées en arrière de l'ouverture. *Ouverture* variable pour la forme, mais toujours terminale en avant de la cellule. *Plusieurs pores spéciaux*, généralement pairs, placés autour de l'ouverture.

Nous ne plaçons dans cette famille que les genres qui, avec des cellules criblées, sont pourvus autour de l'ouverture de plusieurs *pores spéciaux* généralement pairs.

Les genres qui rentrent dans la famille commencent à se montrer avec le 22e étage sénonien des terrains crétacés.

Les genres ont été confondus par les auteurs avec les *Eschara* et les *Cellepora*, dont ils se distinguent par les fossettes des cellules et les pores spéciaux. Nous les divisons comme il suit :

A. Cellules autour ou des deux côtés de la colonie. . . . *Escharipora.*
B. Cellules sur une seule face de la colonie.
 a. Colonie composée d'une seule couche de cellules.
  I. Colonie libre, lamelleuse, non encroûtante . . . . *Semiescharipora.*
  II. Colonie fixe, rampante, encroûtante. . . . . . . *Repteschuripora.*
 b. Colonie composée de plusieurs couches superposées de cellules; colonie encroûtante . . . . *Multescharipora.*

1er Genre. — ESCHARIPORA, d'Orb., 1851.

Colonie et *cellules* absolument comme chez les *Escharella*, également criblées de *fossettes* rayonnantes ou transverses, avec une ouverture en tout analogue, mais étant toujours pourvues, soit en avant, soit seulement sur les côtés, de *pores spéciaux*, généralement en nombre pair, le plus souvent au nombre de deux, un de chaque côté, et toujours indépendants des vésicules ovariennes. Les *cellules accessoires* sont très rares, occupant la place des cellules ordinaires, et indépendantes des vésicules ovariennes.

Rapports et différences. — Comme on l'a vu par les caractères, ce genre montre tous les caractères extérieurs des *Escharella*, mais s'en distingue toujours par la présence, autour de l'ouverture, de *pores spéciaux*, indépendants des vésicules ovariennes, qui manquent au contraire chez les *Escharella.*

Aucune espèce n'avait encore été décrite avant notre travail. Nous en avons découvert dix-sept espèces fossiles toutes de l'étage sénonien, ou craie blanche de France, décrites et figurées dans notre *Paléontologie française*, t. V, p. 220, pl. 684, 685, 686, 687, 700 et 703.

2e Genre. — SEMIESCHARIPORA, d'Orb., 1851.

Colonie entière, formée d'une lame irrégulière, portant des cellules d'un seul côté. *Cellules* juxtaposées, placées en lignées longitudinales et en quinconces; elles sont convexes des deux côtés, plus ou moins hexagones, criblées, en arrière de l'ouverture, de fossettes transverses ou rayonnantes. *Ouverture* petite, terminale en avant. *Pores spéciaux*, généralement au nombre de deux ou rarement de quatre, placés d'une manière paire autour de l'ouverture. Le côté opposé aux cellules forme des lignes longitudinales et en quinconce, de cellules convexes, hexagones.

Ce genre se distingue des *Escharipora* par des cellules d'un seul côté, au lieu de deux; et diffère des *Repteschripora* par sa colonie en lame libre, au lieu d'être encroûtante à la surface des corps sous-marins.

Les espèces sont jusqu'à présent fossiles, et plus spéciales à l'étage sénonien ou craie blanche.

Dans notre *Paléontologie française*, t. V, nous en décrivons et figurons quatorze espèces, pl. 717, 718 et 719.

3e Genre. — REPTESCHARIPORA, d'Orb., 1851.

Colonie rampante et encroûtante à la surface des corps sous-marins, formée d'une seule couche de cellules placées plus ou moins régulièrement en lignées longitudinales et en quinconce. *Cellules* juxtaposées, plus ou moins régulières, ovales ou hexagones, criblées de fossettes régulièrement disposées en lignes transversales ou rayonnantes. *Ouverture* terminale en avant, généralement semi-lunaire. Deux *pores spéciaux*, un de chaque côté de l'ouverture.

Ce genre, pourvu de cellules identiques pour tous leurs caractères avec celles des *Escharipora* et des *Semiescharipora*, s'en distingue par sa colonie non libre, mais encroûtante à la surface des corps sous-marins.

Nous connaissons de ce genre un bon nombre d'espèces, qui, pour les espèces connues, étaient classées par les auteurs dans le genre *Cellepora*. M. de Hagenow les a placées avec nos *Escharella* dans ses sous-genres *Escharina* (différent de celui de M. Edwards) et *Dermatopora*, et qui est le genre *Membranipora* de M. de Blainville. Les espèces sont fossiles et vivantes. Fossiles, elles commencent à se montrer avec le 22e étage sénonien des terrains crétacés, où elles paraissent, au moins jusqu'à présent, avoir leur maximum de développement spécifique ; elles se rencontrent encore dans les terrains tertiaires.

Nous en connaissons treize espèces, mentionnées et figurées dans notre *Paléontologie française*, t. V, pl. 719 et 720.

4e Genre. — MULTESCHARIPORA, d'Orb., 1851.

Colonie rampante à la surface des corps sous-marins, formée d'un plus ou moins grand nombre de couches de cellules superposées, placées d'une manière plus ou moins régulière, ovales, criblées de fossettes latérales transverses ou rayonnantes. *Ouverture* terminale en demi-lune. Deux ou quatre *pores spéciaux* placés autour de l'ouverture.

Ce genre, avec tous les caractères de cellules propres aux *Repteschariopora*, s'en distingue en ce que ses cellules, au lieu d'être juxtaposées et en une seule couche, sont agglomérées les unes sur les autres ou sur plusieurs couches. Ce genre est aux *Eschaporidæ* ce qu'est le genre *Celleporaria* aux *Escharidæ*.

Nous ne connaissons encore que trois espèces, toutes les trois fossiles et de l'étage sénonien ou de la craie blanche. La seule espèce figurée avant notre travail avait été décrite dans le genre *Cellepora*. Voyez *Paléontologie française*, t. V, pl. 720 et 734.

IXe FAMILLE. — STEGINOPORIDÆ, d'Orb., 1851.

Cellules composées, chacune en particulier, de deux étages de compartiments ou de deux cavités superposées ; l'une inférieure, en tout point semblable à la cellule des *Eschariporidæ*, c'est-à-dire composée de cellules juxtaposées criblées, sur une surface postérieure à l'ouverture, de petites fossettes par lignes rayonnantes ou transverses. Une ouverture en demi-lune antérieure, de chaque côté de laquelle est un *pore spécial*. Au-dessus de cette cavité, qui forme, chez toutes les autres familles de cet ordre, la totalité d'une cellule ordinaire, se trouve une seconde cavité commune entre toutes les cellules, non limitée par cellules. Dans cet espace libre de la chambre supérieure s'élèvent de chaque côté de l'ouverture des cellules inférieures, un pilier qui vient soutenir le second toit formé d'une lame, souvent criblée de pores réguliers, dont deux correspondent aux pores spéciaux de la partie inférieure, et d'ouvertures qui correspondent à l'ouverture de l'étage inférieur. En résumé, ce serait comme une maison dont le rez-de-chaussée représenterait des cellules régulières, du plancher supérieur duquel s'élèveraient, pour former le premier étage, des piliers soutenant le toit, et laissant ce premier étage sans séparations cellulaires.

Comme on le voit, cette famille, toute rapprochée qu'elle est par ses cellules criblées de fossettes des *Eschariporidæ*, et des deux autres qui précèdent, s'en distingue bien nettement par le second étage de ses cellules, caractère jusqu'à présent unique dans cet ordre.

Aucun des genres n'avait été observé avant nous; nous les divisons de la manière suivante :

A. Cellules des deux côtés de la colonie. . . . *Disteginopora.*
B. Cellules sur une seule face de la colonie . . . *Steginopora.*

1er Genre. — DISTEGINIPORA, d'Orb., 1851.

Colonie comme dans la famille, formée de deux séries de cellules adossées sur deux plans opposés, de chaque côté d'un ensemble lamelleux très épais. *Cellules* formées de deux cavités superposées, l'une inférieure, semblable en tout point à la cellule des *Escharipora*, c'est-à-dire que les cellules sont juxtaposées, criblées sur une surface postérieure à l'ouverture de petites fossettes par lignes rayonnantes, percée en avant d'une *ouverture* en demi-lune, de chaque côté de laquelle est un pore spécial. Au-dessus de cette cavité spéciale à chaque cellule, qui forme la totalité d'une cellule ordinaire chez toutes les autres Escharidées, se trouve une seconde cavité commune, non limitée par cellule. Au milieu de cet espace libre de la chambre supérieure s'élèvent, de chaque côté de l'ouverture des cellules, un pilier, qui vient soutenir le second toit, formé d'une lame, souvent criblée de pores réguliers, dont deux correspondent aux pores spéciaux de la partie inférieure, et des ouvertures qui correspondent aussi à l'ouverture de l'étage inférieur. En résumé, ce serait comme une maison, dont le rez-de-chaussée représenterait des cellules régulières, du plancher supérieur desquelles s'élèveraient, pour former le premier étage, des piliers qui soutiendraient le toit, et laisseraient dans ce premier étage un espace non limité, sans séparations cellulaires.

Rapports et différences. — Bien que les *Disteginopora* se distinguent nettement de toutes les autres Escharidées par les deux étages que forment chaque cellule, ils n'en ont pas moins des rapports évidents, surtout avec les Escharidées fossiculées. Otez leur, en effet, l'étage supérieur, et vous aurez un *Escharipora* avec tous ses caractères. Ce genre est donc un *Escharipora* portant, au-dessus des cellules ordinaires, des piliers qui partent de l'ouverture, et soutiennent un second plancher spécial, où se reproduisent de nouveau, vis-à-vis de ces parties de l'étage inférieur, d'abord l'ouverture, puis les pores spéciaux de l'espèce. Avec les deux étages absolument identiques, ce genre diffère des *Steginopora* par ses deux couches adossées de cellules, comme chez les *Eschara*, au lieu de n'en avoir toujours qu'une comme chez les *Steginopora*.

Observations. — De toutes nos recherches sur les Bryozoaires, cette forme à deux étages, la plus extraordinaire de toute est, sans contredit, celle qui nous a donné le plus de peine à comprendre. Ne pouvant pas supposer qu'il pût exister deux étages dans une seule cellule d'Escharidées, nous prenions d'abord la seconde couche supérieure comme un parasite fixé sur la première, et dès lors comme deux espèces fixées l'une sur l'autre. C'est après beaucoup de recherches, de comparaisons très prolongées, qu'en voulant ôter la couche supérieure, qui nous paraissait n'être qu'un parasite, nous avons enfin pu, malgré la petitesse des sujets, reconnaître les rapports et les dépendances qui existaient entre la couche inférieure et la couche supérieure. Une fois sur la voie, nous avons été à portée de reconnaître successivement, sur six espèces différentes, deux de *Disteginopora* et quatre de *Steginopora*, que ce caractère des deux étages est régulier, et n'est point une forme due au hasard; mais qu'elle constitue une organisation spéciale qui, tout extraordinaire qu'elle paraisse, n'en est pas moins la plus certaine. Il resterait maintenant à expliquer cette curieuse organisation, qui permettait peut-être aux parties extensibles de l'animal de rester dans son étage supérieur tout à fait abrité du contact extérieur, et pouvant alors s'emparer des petits êtres tombés par les ouvertures supérieures. Dans tous les cas, le mode de sécrétion de l'animal, susceptible de produire la charpente supérieure, nous paraît difficile à comprendre.

Nous connaissons deux magnifiques espèces de la craie blanche de Meudon, figurées et décrites dans notre *Paléontologie française*, pl. 687 *bis* et 734.

2e Genre. — STEGINOPORA, d'Orb., 1851.

Colonie composée d'une lame plane ou flexueuse, portant d'un seul côté des cellules en lignées longitudinales et en quinconce. *Cellules* en tout semblables aux caractères donnés à la famille, c'est-à-dire formée chacune de deux étages superposés : l'inférieur cellulaire, le second commun.

Comme on le voit, ce genre, avec des cellules identiques en tout point avec les cellules du genre *Disteginopora*, s'en distingue par ses colonies pourvues de cellules d'un seul côté d'une lame libre, au lieu d'en avoir des deux côtés.

Nous connaissons de ce nouveau genre quatre espèces, toutes fossiles du 22e étage sénonien de France, soit du grand bassin anglo-parisien, soit du bassin pyrénéen. Elles sont décrites et figurées dans notre *Paléontologie française*, t. V, pl. 720 et 721.

Xe FAMILLE. — FLUSTRELLARIDÆ, d'Orb., 1851.

Cellules testacées, largement ouvertes ; cette partie ouverte occupant souvent la presque totalité de la surface supérieure ; elle est fermée d'une membrane charnue, à la partie antérieure de laquelle se trouve une petite ouverture pourvue d'une lèvre postérieure mobile. Après la mort, ou dans la fossilisation, la membrane disparaît, et il ne reste plus que l'encadrement testacé, qui représente une *ouverture* occupant presque toujours plus de la moitié de la cellule. Jamais de pores spéciaux, souvent des vésicules ovariennes.

Rapports et différences. — Cette famille se distingue bien nettement des précédentes par sa cellule largement ouverte et fermée d'une membrane ; elle se distingue des deux familles suivantes, pourvues de la même ouverture, par le manque de pores spéciaux.

Cette famille est remarquable par la facilité avec laquelle les lignées des cellules, et les cellules elles-mêmes, se séparent les unes des autres ; mais ces parties détachées, qui peuvent souvent tromper l'observateur, se reconnaissent aux fossettes de connexions qu'elles laissent, et surtout aux pores de communication que montrent les facettes latérales.

Nous divisons comme il suit les genres qui composent cette famille.

A. Cellules des deux côtés ou autour de la colonie.
  a. Cellules sur une seule ligne de chaque côté. . . . . *Filiflustra.*
  b. Cellules sur plusieurs lignes de chaque côté. . . . . *Biflustra.*
B. Cellules sur une seule face de la colonie.
  I. Colonie libre, non encroûtante.
    a. Colonie discoïdale, s'accroissant tout autour.
      * Cellules par lignées rayonnantes.
        x. Lignées rayonnantes et transversales, pores en dessous . . . . *Trochopora.*
        xx. Lignées seulement rayonnantes, sans pores en dessous. . . . . *Discoflustrellaria.*
      ** Cellules sans lignées rayonnantes en dessus.
        x. Des pores par lignées en dessous . . . . *Cupularia.*
        xx. Sans lignées ou pores en dessous. . . . *Lateroflustrellaria.*
    b. Colonies en lignées longitudinales, non discoïdales.
      * Sur une seule ligne, colonie filiforme. . . . . *Filiflustrellaria.*
      ** Sur plusieurs lignes, colonie lamelleuse. . . . *Flustrellaria.*
  II. Colonie fixe, rampante, encroûtante.
    a. Cellules isolées ou par lignes rameuses. . . . . *Pyripora.*
    b. Cellules réunies en grandes surfaces encroûtantes . . . . *Membranipora.*

1er Genre. — FILIFLUSTRA, d'Orb., 1851.

Colonie non articulée, entière, testacée, fixée par sa base au moyen de sa substance même, d'où part une expansion filiforme, comprimée, droite. *Cellules* juxtaposées l'une au bout de l'autre sur une seule ligne, de chaque côté, adossées régulièrement l'une derrière l'autre. Leur forme est ovale ; toute leur largeur est pourvue d'une *ouverture*, sans doute pourvue d'une membrane à l'état vivant, mais simplement ouverte à l'état fossile. Point de pores ovariens ni de cellules accessoires.

Rapports et différences. — Ce genre se distingue des deux sous-familles précédentes par ses cellules largement ouvertes. Il se distingue des genres suivants pourvus de cellules identiques par la forme de sa colonie formée seulement de deux séries de cellules adossées représentant un ensemble filiforme. C'est un mode de groupement très remarquable.

Aucune espèce de ce genre n'était connue avant nos travaux, et même nous n'en connaissons qu'une espèce spéciale à l'étage sénonien de France, décrite et figurée dans notre *Paléontologie française*, t. V, p. 240, pl. 687, fig. 7-9.

2e Genre. — Biflustra, d'Orb., 1851.

Flustra et *Eschara* (*pars*), auctorum.

Colonies non articulées, entières, libres, testacées, fixées par la base calcaire, d'où partent des rameaux ou des lames comprimées, représentant un ensemble dendroïde ou lamelleux. *Cellules* juxtaposées sur deux plans opposés, adossées les unes aux autres latéralement, plus ou moins égales et régulières, rondes ou ovales, placées par lignées longitudinales et en quinconce les unes près des autres, circonscrites d'un cadre élevé le plus souvent particulier et distinct. *Ouverture* ronde ou ovale, occupant la plus grande surface intérieure du cadre, ou souvent presque aussi larges que la cellule. Point de pores ovariens, souvent des *vésicules ovariennes* en avant des cellules, rarement des *cellules accessoires*. Alors elles sont infiniment plus grandes que les cellules ordinaires et placées au milieu d'elles. Telle est la dépouille testacée fossile ; mais il y a, comme aux *Membranipora*, une membrane cornée ou charnue qui recouvre cette ouverture en laissant seulement une ouverture spéciale antérieure, transverse, ce dont nous nous sommes assurés sur des espèces vivantes. Les cellules communiquent entre elles par deux ou trois pores latéraux internes toujours ouverts.

Observations. — Ce genre paraît s'accroître absolument comme les *Eschara* (voyez p. 97); mais à cette différence près que les cellules adossées sont moins adhérentes, qu'elles se détachent par lames ou même par lignées de cellules, mais alors montrent toujours les facettes de leurs points de contact. Dans le mode d'accroissement, les lignées longitudinales sont ici bien plus fréquentes que chez les *Eschara*, et plus essentielles. Le plus souvent, chaque nouvelle lignée, qui naît au milieu des lignées déjà existantes, commence par une cellule spéciale, toujours plus petite que les autres, d'une autre forme, et que nous ne voulons pas confondre avec les cellules accessoires toujours plus grandes : nous les désignerons donc sous le nom de *cellules primo-sériales*. Il arrive cependant que des lignées de cellules prennent naissance sans ces cellules primo-sériales, les nouvelles lignées commençant entre les autres par une cellule presque semblable aux autres, seulement moins régulière. L'âge amène souvent dans les cellules l'oblitération graduelle de la partie aperturale, qui se ferme entièrement.

Rapports et différences.—Les *Biflustra* sont aux *Membranipora* ce que sont les *Eschara* aux *Cellepora*, c'est-à-dire que ce sont des *Membranipora* libres formées de deux couches adossées. Ce genre, analogue aux *Eschara* et aux *Flustra* par son mode de groupement des colonies, se distingue du premier par ses cellules pourvues d'une ouverture presque aussi large qu'elles, et en partie fermée par une membrane charnue qui disparaît par la fossilisation, et se distingue du second par son ensemble non corné, et par ses cellules rondes ou ovales au lieu d'être carrées. Plus spécialement voisin des genres *Flustrina* et *Flustrella* pourvus de cellules identiques, il s'en distingue par le manque de pores ovariens autour des cellules. Avec des cellules semblables à celles du genre *Filiflustra*, il s'en distingue par des colonies formées de nombreuses lignées de cellules juxtaposées.

Histoire. — Ce genre avait été confondu avec les *Eschara* par tous les auteurs. Les premières espèces connues ont, en effet, été publiées par Goldfuss, dans le genre *Eschara*, telles que son *E. Cyclostoma*. M. Reuss, en 1848, en a fait autant pour son *E. bipunctata*, et M. de Hagenow, dans son très important travail sur les Bryozoaires de Maëstricht, ne les a pas non plus séparés de ses *Eschara*, contenant tous les Bryozoaires *Cellulinæ*, à deux couches de cellules adossées. En séparant aujourd'hui cette série des *Eschara*, nous le faisons avec la conviction intime qu'elle ne pouvait rester dans ce genre.

Nous connaissons des espèces vivantes et fossiles. Vivantes, elles sont des grandes profondeurs de la mer, aussi bien des régions froides que des régions chaudes, car l'une des espèces est du banc de Terre-Neuve, et l'autre des environs de Manille dans l'Inde. Les espèces fossiles ont commencé à paraître, au moins dans les connaissances actuelles, avec le 20e étage crétacé cénomanien ; elles sont au maximum de leur développement numérique avec le 22e étage sénonien, et ne montrent plus que des espèces isolées et peu nombreuses ensuite.

Les *soixante* espèces que nous connaissons sont décrites et figurées dans notre *Paléontologie française*, t. V, p. 241 et suiv., pl. 687, 688, 689, 690, 691, 692, 693, 694, 695 et 696.

3e Genre. — Trochopora, d'Orb., 1847.

Colonie entière, testacée, fixe seulement dans le jeune âge, libre ensuite, orbiculaire, convexe, conique d'un côté, plane de l'autre, le centre plein, composée de cellules régulièrement placées par lignées rayonnantes, et par lignes transversales annulaires. *Cellules* rondes ou carrées, entièrement ouvertes, profondes et infundibuliformes. Côté opposé aux cellules formant des lignées rayonnantes augmentées par l'adjonction de nouvelles, toutes perforées à leur surface de pores nombreux. Le centre plein forme une partie fibreuse verticale.

Rapports et différences. — Voisins par la forme des colonies discoïdales, des trois genres qui suivent, celui-ci s'en distingue par ses cellules en lignées rayonnantes et annulaires et par l'épaississement testacé de l'ensemble, qui, loin de former un cône creux en dessous, forme un cône plein, rempli de matières testacées fibreuses verticalement. Quand on analyse cette partie fibreuse, on reconnaît qu'elle est formée par la continuation interne verticale de toutes les cellules supérieures, qui par des pores viennent toutes aboutir à la face inférieure où elles forment les lignées, et montrent les pores externes qui correspondent à chacune d'elles. Il résulte de ce fait, que chaque fois qu'il se forme au pourtour une nouvelle ligne transversale annulaire de cellules, toutes les cellules anciennement formées s'épaississent aussi à l'intérieur d'une surface égale à l'épaisseur de cette nouvelle ligne annulaire. C'est un mode d'accroissement singulier et très remarquable parmi les Bryozoaires cellulinés.

Nous ne connaissons que deux espèces de ce genre propres aux étages parisien et falunien des terrains tertiaires. L'une des espèces a été décrite par MM. Michelin et Defrance sous le nom de *Lunulites;* on voit combien ce genre en diffère puisqu'il n'appartient même pas à la même famille.

Exemple : *Trochopora conica*, d'Orb., 1850. *Prodr. de paléont. strat.*, t. III, p. 137, étage 26e, n° 1583. *Lunulites conica*, Defrance, 1823. *Dict. des sc. nat.*, p. 361, Michelin, 1847. *Iconog. zooph.*, p. 322, pl. 77, fig. 9. Fossile de l'étage falunien de Salles (Gironde), de Dax (Landes), de Mantelan (Indre-et-Loire).

4e Genre. — DISCOFLUSTRELLARIA, d'Orb., 1851.

Colonie entière, testacée, fixe seulement dans le jeune âge, libre ensuite, orbiculaire, convexe, souvent conique en dessus, toujours concave en dessous, composée de cellules régulièrement placées par lignées rayonnantes commençant chacune par une cellule avortée, sans former de lignes annulaires transversales. *Cellules* rondes ou carrées entièrement ouvertes et profondes. Côte opposée aux cellules représentant des lignées rayonnantes régulières, non perforées à leur surface.

Rapports et différences. — La forme extérieure conique rapproche ce genre des *Trochopora;* mais il s'en distingue par son ensemble creux au lieu d'être plein et solide, par ses cellules par lignées rayonnantes seulement, mais non par lignées annulaires; enfin par le dessous montrant des lignées non perforées de pores, mais entières et lisses. On voit que ce genre est aux *Biflustra* ce qu'est le genre *Lunulites* aux *Eschara*. C'est, en effet, une colonie cupuliforme comme chez les *Lunulites*, mais avec des cellules comme celles des *Biflustra*. Ce genre est une nouvelle preuve que la forme de la colonie se reproduit avec des cellules de caractères très différents appartenant aux diverses familles.

Nous connaissons, jusqu'à présent, deux espèces, toutes les deux du 22e étage sénonien de France. L'une d'elles se trouve simultanément dans les bassins anglo-parisien et pyrénéen. Nous les décrivons et figurons dans la *Paléontologie française*, Terrains crétacés, pl. 722.

5e Genre. — CUPULARIA, Lamouroux, 1821.

Colonie entière, testacée, fixe seulement dans le jeune âge, libre ensuite, orbiculaire, convexe d'un côté, concave de l'autre, composée de cellules régulièrement placées en quinconce, sans former de lignées longitudinales, et toujours sans cellules primo-sériales, toutes les cellules étant égales. *Cellules* ovales, entièrement ouvertes, seulement bordées d'un cadre commun. Côté opposé aux cellules représentant des lignées rayonnantes convexes, régulières, s'augmentant par interposition des nouvelles lignées, sans montrer de cellules distinctes, mais couvertes partout de pores nombreux.

Rapports et différences. — Les *Cupularia* sont aux *Discoflustrellaria* ce que sont les *Stichopora* aux *Lunulites*, c'est-à-dire qu'au lieu d'avoir leurs colonies composées en dessus de lignées rayonnantes de cellules, toutes les cellules sont en quinconce; dès lors plus de cellules primo-sériales distinctes, et toutes les cellules sont identiques. Plus voisin, par le manque de lignées, du genre *Lateroflustrellaria*, celui-ci s'en distingue par ses cellules infiniment plus profondes, par le manque complet de lignées de cellules en dessous, et aussi par le manque de perforation à ces parties inférieures.

Histoire. — Lamouroux, en 1821 (p. 44), a indiqué plutôt que formé ce genre sous le nom de *Cupulaire*, pour les espèces à cellules en quinconce, non en lignées rayonnantes. Ce caractère n'ayant pas été apprécié, les espèces pourvues de ce caractère ont été toujours rangées avec les *Lunulites*. Nous avons reconnu que cette division non seulement différait des vraies Lunulites par la disposition de ses cellules, mais encore par les caractères de ces cellules ouvertes en entier, comme chez les *Membranipora*, et non semblables aux cellules des *Lunulites*, qui ressemblent aux *Eschara* proprement dits.

Les espèces bien constatées sont, jusqu'à présent, toutes des terrains tertiaires, et principalement du 26e étage falunien. En voici une espèce comme exemple.

Cupularia urceolata, d'Orb., 1851. *Lunulites urceolata*, Lamouroux, 1821. *Expos. méthod. des Polyp.*, p. 44, pl. 73, fig. 9-12 (non Lamarck). *Lunulites Cuvieri*, Defrance, 1823. *Dict. des sciences nat.*, t. XXVII, p. 361. Michelin, 1847. *Icon. Zoophyt.*, p. 323, pl. 77, fig. 10; Angers, Thorigné, Tigné (Maine-et-Loire), Manthlan (Indre-et-Loire). Notre collection. Cette espèce en avant de chaque cellule a une dépression représentant le support d'une vésicule ovarienne.

6e Genre. — Lateroflustrellaria, d'Orb., 1851.

Colonie entière, testacée, orbiculaire, convexe en dessus, concave en dessous, composée de cellules hexagones, régulièrement placées en quinconce, sans former de lignées, et toujours sans cellules primo-sériales. *Cellules* hexagones, très profondes, entièrement ouvertes, simplement bordées. Côté inférieur de la colonie ne représentant jamais de lignées de cellules, mais seulement des cellules quinconciales, comme en dessus; celles-ci sans perforations ni pores.

Rapports et différences. — Avec des cellules en quinconce, comme chez les *Cupularia*, ce genre s'en distingue par ses cellules hexagones, très profondes, représentant chacune un cône anguleux, dont l'extrémité, opposée à l'ouverture, est longue et obtuse, ne forme jamais de lignées, et n'est jamais perforé de pores.

Nous en connaissons une seule espèce de l'étage crétacé sénonien, décrite et figurée dans la *Paléontologie française*, Terrains crétacés, t. V, pl. 722.

7e Genre. — FILIFLUSTRELLARIA, d'Orb., 1851.

Colonie non articulée, entière, fixée par la base, ensuite projetée en une seule lignée de cellule droite, placée d'un seul côté d'un ensemble filiforme. *Cellules* placées l'une au bout de l'autre, obliquement, sur une seule ligne; leur forme est ovale en dessus et ouverte sur toute leur largeur (sur les cellules fossiles), convexe du côté opposé, sans cellules accessoires, ni pores spéciaux; quelquefois des vésicules ovariennes.

Rapports et différences. — Ce genre est aux *Filiflustra* ce que les *Semieschara* sont aux *Eschara;* formé, en effet, comme celui-ci d'une colonie filiforme, il s'en distingue, parce qu'il n'a de cellules que d'un côté, au lieu d'en avoir de deux côtés.

C'est, du reste, une forme très remarquable.

Nous connaissons deux espèces : une de l'étage sénonien des terrains crétacés, l'autre de l'étage tertiaire parisien; décrites et figurées dans la *Paléontologie française*, t. V, pl. 723.

8e Genre. — FLUSTRELLARIA, d'Orb., 1851.

Colonie en lame irrégulière, libre, flexueuse, pourvue d'un seul côté de cellules juxtaposées, en lignées peu régulières, commençant ou non par des cellules avortées primo-sériales ou accessoires, et celles-ci souvent indépendantes des lignées. *Cellules* ordinaires, ovales, rondes ou anguleuses, ouvertes sur les individus morts ou fossiles, sur presque toute leur largeur supérieure. *Cellules accessoires* plus petites que les autres, souvent d'une autre forme; quelquefois des vésicules ovariennes. Dessous de la colonie montrant en relief les lignées de cellules et les cellules elles-mêmes.

Rapports et différences. — Les *Flustrellaria* sont aux *Biflustra* ce que sont les *Semieschara* aux *Eschara;* elles s'en distinguent, parce que les colonies libres n'ont de cellules que d'un seul côté. Avec des cellules d'un seul côté, comme chez les *Membranipora*, ce genre s'en distingue par ses colonies lamelleuses libres, au lieu d'être fixes rampantes.

Le peu d'espèces connues avant notre travail ont été décrites par M. Reuss sous le nom de *Vaginopora*, et par M. de Hagenow sous celui de *Siphonella*. On sait que le genre *Vaginipora* de M. Defrance, d'après la figure qu'il en a donnée, n'appartient pas à cette division. M. de Hagenow a basé son genre *Siphonella* non sur la forme de la cellule, parce qu'il y place aussi des espèces à pores accessoires, et dépendant de la famille suivante, mais sur la forme tubuleuse de la colonie. Or cette forme tubuleuse n'est qu'un des modes exceptionnels que prennent souvent des espèces en lame, sans que ce caractère soit constant, même dans les espèces, puisque nous avons souvent vu, surtout dans le genre *Semieschara*, la même espèce prendre successivement les deux formes. D'un autre côté, comme la forme lamelleuse est infiniment plus répandue dans ce genre, et qu'elle ne pourrait porter le nom de *Siphonella*, puisqu'elle ne forme pas siphon, nous ne pouvons l'admettre pour le nom générique, car il serait le plus souvent en opposition complète avec la forme de la colonie dans ce genre.

Nous en connaissons trente-cinq espèces, décrites et figurées dans notre *Paléontologie française*, t. V, pl. 723, 724, 725, 726, 727 et 728.

9e Genre. — Pyripora, d'Orb., 1851.

Colonie fixe, rampante à la surface des corps, formée de lignées peu régulières, longitudinales et latérales, de cellules placées les unes à la suite des autres, non contiguës latéralement, et disposées de manière à représenter des branches rampantes plus ou moins étendues. *Cellules* pyriformes, étroites en arrière, élargies en avant, ouvertes sur les individus morts ou fossiles, sur la plus grande surface de leur partie antérieure. Point de pores spéciaux, de cellules accessoires, ni de vésicules ovariennes.

Rapports et différences. — Ce genre est aux *Flustrellaria* et aux *Membranipora* ce que sont les *Hippothea* aux *Semieschara* et aux *Cellepora*. Ce sont, en effet, des cellules, par lignées isolées, se continuant antérieurement en ligne isolée, qui donnent naissance, sur le côté, à des lignées latérales, qui elles-mêmes peuvent être très prolongées, et produire de nouvelles lignées; c'est en un mot une forme de colonie identique avec celle des *Hippothoa*, mais ayant des cellules de *Membranipora* et de *Flustrellaria*.

En créant le genre *Pyripora* dans notre *Prodrome de paléontologie stratigraphique*, t. II, p. 263, nous y avons placé toutes les colonies formées de cellules isolées; mais aujourd'hui que la circonscription de nos familles nous donne des caractères plus spéciaux, nous le restreignons seulement aux espèces à cellules largement ouvertes, sans pores spéciaux. Nous connaissons des espèces dans l'étage crétacé supérieur; en voici quelques unes :

Pyripora crenulata, d'Orb., 1847, *Prod. de paléont. strat.*, t. II, p. 263, étage 22ᵉ, nº 1060 (pars). *Escharina crenulata*, Reuss, 1846, *Bœhm. kreid.*, p. 68, pl. 15, fig. 20 (exclus. fig. 21). Étage sénonien de Bohême.

Pyripora perforata, d'Orb., 1847, *Prod. de paléont. strat.*, t. II, p. 263, étage 22ᵉ, nº 1061. *Escharina perforata*, Reuss, 1846, *Bœhm. kreid.*, p. 68, pl. 15, fig. 33. Étage sénonien de Bohême.

Pyripora pyriformis, d'Orb., 1847, *Prod. de paléont. strat.*, t. III, p. 135, étage 26ᵉ, nº 2556. Doué (Maine-et-Loire). *Criserpia pyriformis*, Michelin, 1847, p. 332, pl. 79, fig. 6.

10ᵉ Genre. — MEMBRANIPORA, Blainville, 1834.

Marginaria, Rœmer, 1841. *Dermatopora* (pars), de Hagenow, 1851.

Colonie fixe, rampante, et formant des encroûtements irréguliers à la surface des corps, composée d'une seule couche de cellules juxtaposées, par lignées longitudinales peu régulières, contiguës, commençant quelquefois par une cellule accessoire. *Cellule* formée d'un encadrement externe testacé, plus ou moins large, fermée d'une membrane, où se trouve percée en avant une ouverture. Après la mort ou à l'état fossile, la cellule se compose seulement de l'encadrement testacé, qui laisse au milieu une ouverture presque aussi large qu'elle. *Cellules accessoires*, étant le plus souvent des cellules avortées, d'une forme distincte des autres. Souvent des vésicules ovariennes; quelquefois des baguettes mobiles, comme celles des Oursins, implantées dans l'encadrement extérieur.

Les *Membranipora* sont aux *Flustrellaria* et aux *Biflustra* ce que sont les *Cellepora* aux *Semieschara* et aux *Eschara*. Ce sont, comme nous les circonscrivons, des cellules en tout semblables aux cellules de la famille, mais en colonie rampante et encroûtante à la surface des corps sous-marins. Ce dernier caractère les distingue des *Flustrellaria*, dont la colonie n'a de cellules que d'un côté, mais est libre en lame flexueuse.

M. de Blainville a créé sous le nom de *Membranipora*, en 1834, un genre dans lequel il réunit un certain nombre d'espèces dépendant du genre, tel que nous le circonscrivons : ses *M. reticulata*, *reticulum*, *corrugata*, *membranacea*, *bipunctata*, *antiqua* et *dentata*. Il y ajoute son *M. reticularis*, qui pourrait être un *Biflustra* formé de deux couches de cellules adossées. M. Roemer, en 1841, forme des mêmes Bryozoaires le genre *Marginaria*. M. Reuss, en 1846, classe les espèces de ce genre avec les *Discopora* et les *Marginaria* de Roemer; mais, en 1851 (Polyp. de Vienne), il revient au genre *Membranipora* de Blainville. M. de Hagenow, en 1851, ne semble pas avoir reconnu le genre créé par Blainville; car il classe (Bryozoaires de Maëstricht) les espèces dans le genre *Cellepora*, division des *Marginaria* de Roemer, et même en forme une nouvelle division sous le nom de *Dermatopora*. Il est évident que les *Marginaria* et les *Dermatopora* rentrent dans le genre *Membranipora* de Blainville, où nous n'y classons que les espèces fixes rampantes.

Nous connaissons aujourd'hui *quarante-deux* espèces de ce genre : les premières fossiles sont du 18e étage aptien ; le maximum de développement spécifique se trouve à l'étage sénonien. On en connaît un grand nombre d'espèces vivantes.

Toutes ces espèces sont mentionnées, décrites ou figurées, *Paléontologie française*, Terrains crétacés, pl. 728 et 729.

XIe famille. — FLUSTRELLIDÆ, d'Orb., 1851.

Cellules testacées, largement ouvertes, cette partie ouverte occupant souvent la presque totalité de la surface supérieure ;

elle est fermée d'une membrane charnue, à la partie antérieure de laquelle se trouve une petite ouverture pourvue d'une lèvre mobile. Après la mort, ou dans la fossilisation, la membrane disparaît, et il ne reste plus que l'encadrement testacé, qui représente une ouverture occupant presque la totalité de la cellule. Un seul *pore spécial*, souvent des vésicules ovariennes.

Rapports et différences. — Cette famille ne diffère des *Flustrellaridæ* que par la présence constante d'un pore spécial très prononcé, chez tous les genres que nous y plaçons. Elle diffère des *Flustrinidæ* par un seul pore spécial au lieu de deux.

Nous divisons les genres de la manière suivante.

A. Cellules des deux côtés ou autour de la colonie . . . . . *Flustrella.*
B. Cellules sur une seule face de la colonie.
  a. Colonie libre non encroûtante.
    * Colonie discoïdale s'accroissant tout autour. . . . . *Discoflustrella.*
    ** Colonie non discoïdale.
      x. Cellules sur trois lignées, en branches allongées. *Filiflustrella.*
      xx. Cellules sur un nombre illimité de lignées.
        z. Colonie lamelleuse en lignées longitudinales. *Semiflustrella.*
        zz. Colonie lamelleuse en lignées transversales. . *Lateroflustrella.*
  b. Colonie fixe, rampante, encroûtante.
    * Cellules isolées en lignées rameuses. . . . . *Pyriflustrella.*
    ** Cellules réunies en grandes surfaces. . . . . *Reptoflustrella.*

1er Genre. — FLUSTRELLA, d'Orb., 1851.

Colonies comme chez les *Biflustra*, composées de *cellules* juxtaposées sur deux plans opposés, en quinconce, assez régulières, peu distinctes. *Ouverture* ronde ou ovale, occupant la plus grande surface de la cellule, généralement bordée. On voit toujours, en arrière de l'ouverture, et même souvent à une grande distance, un *pore ovarien*, quelquefois gros, tuberculeux, et paraissant représenter les vésicules ovariennes des autres Escharidées. Nous n'avons jamais reconnu dans ce genre de cellules accessoires. Dans l'état vivant, cette large ouverture des espèces fossiles devait, comme chez les *Biflustra*, être fermée d'une membrane charnue où est percée l'ouverture réelle.

Rapports et différences. — Avec les mêmes caractères de colonies et de cellules que les *Biflustra*, ce genre s'en distingue bien nettement par le pore ovarien que montrent les cellules, en arrière de l'ouverture. Il diffère des *Flustrina* par la présence d'un seul pore en arrière de l'ouverture au lieu de deux.

Deux espèces seulement avaient été décrites et figurées avant nous, sous le nom d'*Eschara*, par M. de Hagenow, dans son beau travail sur Maëstricht, encore nous laisse-t-elle quelques doutes.

A l'exception d'une, propre à l'étage turonien, toutes les autres espèces qui nous sont connues, jusqu'à présent, sont de l'étage sénonien ou de la craie blanche. Nous en avons décrit et figuré *vingt et une espèces* dans notre *Paléontologie française*, Terrains crétacés, p. 282, pl. 696, 697, 698, 699 et 700.

2e Genre. — DISCOFLUSTRELLA, d'Orb., 1851.

Colonie entière, testacée, peut-être fixe dans le jeune âge, libre ensuite, orbiculaire, convexe d'un côté, concave de l'autre, composée en dessus de cellules régulièrement placées en quinconce, sans former de lignées et toujours sans cellules primo-sériales, toutes les *cellules* étant égales, rhomboïdales, entièrement ouvertes, seulement séparées par une côte commune. En avant de chaque cellule est un gros *pore spécial* saillant très prononcé. Côté opposé aux cellules, montrant seulement le dessous, souvent distinctes des cellules supérieures, et couvertes de petits pores nombreux.

Rapports et différences. — Ce genre est dans cette famille pourvue d'un seul pore spécial, ce qu'est le genre *Cupularia* aux *Flustrellaridæ*. C'est, en effet, une colonie discoïdale, comme chez les *Lunulites* et les *Cupularia*, mais avec un large pore spécial en avant de l'ouverture.

Les espèces connues étaient décrites sous le nom de *Lunulites*. Les quatre espèces que nous connaissons sont vivantes des mers chaudes et tempérées, ou fossiles des terrains tertiaires.

Exemple : *D. Vandenheckii*, d'Orb., 1851. *Lunulites Vandenheckii*, Michelin, 1846. *Iconog. zooph*, p. 279, pl. 63, fig. 12. Fossile du 24ᵉ étage sénonien de la Fontaine du Jarrier (Nice).

3ᵉ Genre. — FILIFLUSTRELLA, d'Orb., 1851.

Colonie entière, testacée, donnant naissance à des rameaux déprimés, dendroïdes, pourvus d'un seul côté de trois lignées de *cellules* égales, rhomboïdales, largement ouvertes, circonscrites. Sur les côtés du rameau, on voit, entre chaque cellule, un pore spécial virgulaire saillant. Il en résulte que les cellules latérales seules ont un *pore spécial*, les cellules de la lignée médiane n'en ayant pas. Le côté des branches opposé aux cellules est lisse sans cellules bien distinctes.

Ce genre diffère de tous les autres par sa colonie rameuse, pourvue seulement sur chaque branche de trois lignées distinctes de cellules ; il s'en distingue encore par le pore latéral des lignées latérales de cellules.

Nous ne connaissons encore qu'une espèce du 22ᵉ étage sénonien, décrite et figurée dans notre *Paléontologie française*, t. V, pl. 730.

4ᵉ Genre. — SEMIFLUSTRELLA, d'Orb, 1851.

Colonie en lame irrégulière, libre, flexueuse, pourvue, d'un seul côté, de cellules juxtaposées en lignées longitudinales, sans cellules spéciales. *Cellules* variables, ovales, rondes ou anguleuses, ouvertes entièrement sur les individus morts ou fossiles, mais couvertes d'une membrane à l'état vivant. On voit toujours en arrière de cette ouverture, un *pore spécial* médian : souvent des vésicules ovariennes à ces pores. Dessous montrant, sans aucun pore, des cellules convexes en lignées longitudinales régulières.

Rapports et différences. — Ce genre est aux *Flustrella* ce que sont les *Semieschara* aux *Eschara*, c'est-à-dire qu'avec des cellules en tout identiques, il diffère par ses colonies formées d'une seule couche de cellules au lieu de deux. Il se distingue des *Lateroflustrella* par ses cellules en lignées longitudinales, et des *Reptoflustrella* par ses colonies libres et non encroûtantes.

Nous connaissons neuf espèces toutes fossiles, le plus grand nombre du 22e étage sénonien, les autres de l'étage parisien. Une seule avait été décrite par M. de Hagenow sous le nom de *Siphonella*. Nous avons déjà dit, page 337, que nous ne pouvons admettre ce nom de genre qui dénote une forme exceptionnelle des espèces du genre, et ne conviendrait nullement aux espèces en plus grand nombre formées d'expansions planes.

Voyez la description et les figures des espèces, *Paléontologie française*, Terrains crétacés, pl. 730 et 731.

5e Genre. — Lateroflustrella, d'Orb. 1851.

Colonie en lame irrégulière, libre, flexueuse, pourvue d'un seul côté de cellules juxtaposées, non en lignées longitudinales, mais bien par lignes transversales, et dès lors ayant un bourgeonnement latéral et non antérieur. *Cellules* rhomboïdales, largement ouvertes, et pourvues en arrière d'un *pore spécial* très prononcé. Le dessous montre des cellules rhomboïdales en quinconce régulier, sans aucune lignée.

Rapports et différences. — Ce genre est aux *Flustrella* ce que sont les *Latereschara* (t. XVII, p. 283) aux *Eschara*. Il est: comme les *Semiflustrella*, formé d'une colonie libre portant des cellules d'un seul côté; mais ces cellules, loin de former des lignées longitudinales, représentent un quinconce aussi bien en dessus qu'en dessous, avec le bourgeonnement latéral.

L'espèce type fossile de Meudon, *L. complanata*, est décrite et figurée dans la *Paléontologie française*, pl. 731.

6e Genre. — Pyriflustrella, d'Orb., 1851.

Colonie fixe, rampante à la surface des corps sous-marins, formée de lignées longitudinales et latérales de cellules placées les unes à la suite des autres, non contiguës latéralement, et disposées de manière à représenter un ensemble rampant rameux. *Cellules* pyriformes, étroites en arrière, élargies en avant, largement ouvertes sur les individus morts ou fossiles. Un *pore spécial* placé bien en arrière de l'ouverture.

Formé de cellules isolées à la manière des *Hippothea* (t. XVII, p. 291), ce genre, par ses cellules ouvertes, a beaucoup de rapports avec les *Pyripora;* néanmoins il s'en distingue nettement par un *pore spécial* placé en arrière de l'ouverture. Jusqu'à présent les espèces sont vivantes ou fossiles des terrains tertiaires.

Exemple : *Pyriflustrella tuberculum*, d'Orb., 1851. *Hippothoa tuberculum*, Lonsdale, 1845. *Quarterly journ.*, t. I, p. 527. Fossile de l'étage falunien de Rock's-Bridge. États-Unis.

Pyriflustrella arctica, d'Orb., 1851. Espèce à cellules courtes, ovales, jaunâtres, à large ouverture, dont les rameaux ne sont pas ramifiés ou le sont peu, chaque lignée se continuant souvent sans bifurcation. Vivante au Spitzberg, rapportée par M. Robert. Notre collection.

7e Genre. — Reptoflustrella, d'Orb., 1851.

Colonie fixe, rampante, représentant des encroûtements irréguliers à la surface des corps sous-marins, composée de cellules juxtaposées par lignées longitudinales peu régulières contiguës. *Cellules* formées d'un encadrement externe testacé, fermées à l'état vivant, d'une membrane où est percée la véritable ouverture, mais à l'état mort cet encadrement constituant toute la cellule. Un *pore spécial* placé en arrière de chaque cellule.

Ce genre, avec des cellules comme les autres de la famille, s'en distingue par ses colonies encroûtantes et rampantes à la surface des corps sous-marins.

Cette division a été confondue avec les *Membranipora*, sous le nom de *Cellepora*, par MM. Reuss et de Hagenow. Nous en connaissons *neuf espèces*, mentionnées, décrites et figurées dans la *Paléontologie française*, Terrains crétacés, pl. 731.

XIIe famille. — FLUSTRINIDÆ, d'Orb., 1851.

Cellules testacées largement ouvertes, cette partie ouverte occupant souvent la presque totalité de la surface supérieure : à l'état vivant, elle est fermée d'une membrane charnue où est percée l'ouverture ; à l'état mort ou fossile, la membrane disparaît , et il ne reste plus qu'une ouverture testacée occupant presque toute la cellule. Deux *pores spéciaux* placés en arrière de cette ouverture ; souvent des vésicules ovariennes.

Cette famille se distingue seulement des deux précédentes par la présence constante, en arrière de l'ouverture, de deux *pores spéciaux* souvent saillants et tubuleux.

Les genres que nous y plaçons se divisent de la manière suivante :

A. Cellules des deux côtés ou autour de la colonie. . . . . . *Flustrina*.
B. Cellules sur une seule face de la colonie.
  a. Colonie libre non encroûtante.
    * Cellules sur quatre lignées, colonies en branches allongées. . . . . *Filiflustrina*.
    ** Cellules sur un nombre illimité de lignées, colonie lamelleuse. . . . . *Semiflustrina*.
  b. Colonie fixe , rampante , encroûtante.
    * Cellules isolées en lignes rameuses. . . . . *Pyriflustrina*.
    ** Cellules réunies en grande surface . . . . *Reptoflustrina*.

1er Genre. — FLUSTRINA , d'Orb., 1851.

Colonie non articulée, entière, testacée, fixée par sa base calcaire, d'où partent des rameaux ou des lames comprimées, représentant un ensemble dendroïde ou lamelleux. *Cellules* juxtaposées sur deux plans opposés, adossées les unes aux autres latéralement, presque égales, régulières, placées par lignées longitudinales et en quinconce , les unes en contact et souvent confondues avec les autres. *Ouverture* ronde ou ovale occupant la plus grande surface extérieure de la cellule. Des *pores spéciaux*, au nombre de deux par cellules, rarement trois, placés à l'extrémité de celles-ci. Très rarement des cellules accessoires. Elles sont alors d'une forme différente des autres, presque entièrement fermées.

Rapports et différences. — Très voisin par la forme des colonies, par les cellules des genres *Biflustra* et *Flustrella*, celui-ci se distingue du premier par la présence de pores spéciaux, et du second par deux pores spéciaux, au lieu d'un seul. L'accroissement est, du reste, analogue à ce que nous avons dit du genre *Biflustra*.

Aucune espèce de ce genre n'avait été décrite ni figurée avant ce travail. Toutes les espèces connues sont fossiles, et jusqu'à présent spéciales au 22ᵉ étage, sénonien ou craie blanche de France.

Nous en décrivons et figurons *dix-sept* espèces dans la *Paléontologie française*, Terrains crétacés, t. V, p. 298 et suiv., pl. 701, 702 et 703.

2ᵉ Genre. — FILIFLUSTRINA, d'Orb., 1851.

Colonie entière, testacée, formée de rameaux cylindriques, dendroïdes, pourvus en long de quatre lignées longitudinales, de cellules égales, peu distinctes, largement ouvertes, portant chacune à la partie postérieure deux *pores spéciaux* écartés. Le dessous des branches montre un intervalle, où se remarquent seulement des cellules avortées avec une petite ouverture allongée.

Ce genre, inconnu jusqu'à nos recherches, se distingue des autres de la famille par ses colonies filiformes, rameuses et dendroïdes, n'ayant en dessous des branches que des cellules avortées. La seule espèce connue est fossile de Meudon près Paris, dans l'étage sénonien. C'est le *F. cylindrica*, d'Orb., *Paléontologie française*, Terrains crétacés, pl. 732, fig. 1-5.

3ᵉ Genre. — SEMIFLUSTRINA, d'Orb., 1851.

Colonie en lame irrégulière, libre, flexueuse, pourvue d'un seul côté de cellules juxtaposées en lignées longitudinales, quelquefois avec des cellules primo-sériales plus petites que les autres. *Cellules* variables. Sur les colonies mortes ou fossiles, elles offrent une immense ouverture occupant la plus grande surface de la cellule. En arrière de cette ouverture, on voit toujours *deux pores spéciaux*, très prononcés, souvent tubuleux. Quelquefois des vésicules ovariennes. Dessous de la colonie sans pores, montrant seulement, par lignées, des cellules un peu convexes, presque toujours hexagones.

Ce genre diffère des deux précédents par sa colonie formée d'une lame flexueuse, libre, munie de cellules d'un seul côté. La colonie libre le distingue des deux genres suivants rampants et encroûtants.

On n'en connaissait aucune espèce. Nous en décrivons et figurons cinq des terrains crétacés, et spécialement du 22e étage, sénonien de France, dans notre *Paléontologie française*, Terrains crétacés, pl. 732 et 733.

4e Genre. — PYRIFLUSTRINA, d'Orb., 1851.

Colonie fixe, rampante à la surface des corps sous-marins, formée de lignées longitudinale et latérale de cellules placées les unes à la suite des autres, non contiguës latéralement, et disposées de manière à représenter un ensemble rameux. Indépendamment des lignées longitudinales naissant par le bourgeonnement antérieur des cellules, il nait encore latéralement à ces mêmes cellules des lignées latérales. *Cellules* pyriformes, étroites en arrière, largement ouvertes sur les individus morts ou fossiles. *Deux pores spéciaux* placés, l'un de chaque côté, en arrière de l'ouverture.

Ce genre, avec le mode de groupement des cellules des *Hippothea* (t. XVII, p. 291), a des cellules largement ouvertes, et pourvues en arrière de deux pores spéciaux, comme chez tous les genres de la famille. C'est, comme on le voit, un mode de groupement particulier, qu'on retrouve successivement dans les familles des *Escharidæ*, des *Flustrellaridæ*, des *Flustrellidæ* et des *Flustrinidæ*. Aucune espèce n'était connue avant nos recherches. Nous en connaissons deux, l'une vivante et l'autre fossile, du 22e étage, sénonien. Voyez la *Paléontologie française*, Terrains crétacés, pl. 733.

5e Genre. — REPTOFLUSTRINA, d'Orb., 1851.

Colonie fixe, rampante, représentant des encroûtements irréguliers à la surface des corps sous-marins, composée de cellules juxtaposées, par lignées longitudinales contiguës, peu régulières. *Cellules* formées d'un encadrement externe testacé, fermé, à l'état de vie, d'une membrane ; mais à l'état fossile ou mort, la cellule ne montre que cet encadrement testacé. Deux *pores spéciaux* placés en arrière de l'ouverture, souvent tubuleux. On y voit encore des vésicules ovariennes.

Ce genre diffère de tous ceux de la famille par ses cellules fixes rampantes et encroûtantes. Voisin, par le mode de groupement des cellules, des genres *Reptoflustrellaria* et *Reptoflustrella*, celui-ci se distingue du premier par ses pores spéciaux, et du dernier par deux pores au lieu d'un.

Le peu d'espèces connues étaient placées dans le genre *Marginaria* de M. Roemer par M. Reuss, et avec les *Cellepora* par M. de Hagenow.

Nous en connaissons six espèces mentionnées, décrites et figurées dans la *Paléontologie française*, Terrains crétacés, pl. 733 et 734.

ANALYSE

DES

OBSERVATIONS DE M. MÜLLER

SUR LE

DÉVELOPPEMENT DES ÉCHINODERMES,

Par M. Camille DARESTE.

M. Müller a fait dans ces dernières années une suite d'observations d'un grand intérêt sur l'un des points les plus obscurs de l'histoire physiologique des animaux inférieurs, le développement des Échinodermes. Les résultats de ces observations sont consignés dans cinq mémoires, publiés dans la collection des mémoires de l'Académie des sciences de Berlin (1).

Devant faire connaître ces travaux aux lecteurs des *Annales*, j'ai cru nécessaire de changer la forme sous laquelle ils ont été présentés par M. Müller. Cet illustre physiologiste, en exposant chaque année les faits nouveaux qu'il venait d'observer, a, dans la série de mémoires qu'il a successivement publiés, constamment modifié les opinions que ses premiers travaux lui avaient

(1) 1° *Uber die Larven und die Metamorphose der Ophiuren und Seeigel*, présenté à l'Académie le 29 octobre 1846, publié en 1846.

2° *Uber die Larven und die Metamorphose der Echinodermen, zweite Abhandlung*, lu le 27 juillet 1848, publié en 1849.

3° *Uber die Larven und die Metamorphose der Holothurien und Asterien*, présenté le 15 novembre 1849 et le 18 avril 1850, publié en 1850.

4° *Uber die Larven und die Metamorphose der Echinodernen, vierte Abhandlung*, lu le 7 novembre 1850, le 25 avril et le 10 novembre 1850, publié en 1850.

5° *Uber die Ophiurenlarven des Adriatischen Meeres*, lu le 16 janvier 1851, publié en 1852.

fait concevoir. Il en résulte que l'ensemble de ces mémoires forme plutôt un journal d'observation, qu'un traité *ex professo* sur la question physiologique du développement des Échinodermes. Il m'a semblé qu'il y aurait avantage à réunir ces observations éparses, et à substituer à l'ordre chronologique des recherches un ordre logique résultant de la réunion, en des chapitres spéciaux, de toutes les observations qui se rattachent au même sujet.

Je me suis d'ailleurs efforcé de rendre la pensée de M. Müller aussi exactement que possible ; et, dans ce but, j'ai traduit littéralement tout ce qui se rattachait à la partie purement descriptive du sujet.

PREMIÈRE PARTIE.

DU DÉVELOPPEMENT DES ÉCHINIDES.

Lorsque M. Müller commença, en 1846, à étudier le développement des Échinides, il n'y avait encore sur ce point de physiologie que des observations très incomplètes, faites par Baer en 1845 (1). Ce naturaliste avait étudié, à Trieste, de jeunes embryons de l'*Echinus lividus* et de l'*Echinus esculentus* (2), obtenus par le procédé de fécondations artificielles; mais il n'avait pas suivi le développement de la larve au delà de l'éclosion.

Plus tard, cette question devint l'objet des études de trois naturalistes : M. Dufossé, M. Derbès et M. Krohn.

Les observations de M. Dufossé ont été communiquées à

(1) *Bulletin de la classe physico-mathématique de l'Académie des sciences de Saint-Pétersbourg*, t. V, p. 234, ou *Froriep's neue Notizen*, Bd. 39, p. 36.

(2) L'*Echinus esculentus*, dont il est ici question, est l'*Echinus esculentus* de la plupart des auteurs, mais ce n'est pas l'espèce anciennement décrite sous ce nom par Linné. D'après MM. Agassiz et Desor, ce dernier est une espèce particulière qui se rencontre dans la Manche et dans la mer du Nord, et qui a été décrite par O.-F. Müller sous le nom d'*E. sphæra*. L'*E. esculentus* de la Méditerranée, qui a fait le sujet des observations de Baër, est l'*E. brevispinosus* de Risso.

l'Académie des sciences, le 4 janvier 1847, et publiées dans les *Annales des sciences naturelles* (1847, t. VII, p. 44). Elles ont pour objet des larves de l'*E. esculentus* ou *brevispinosus*, obtenues par la fécondation artificielle. Les observations de M. Dufossé sont en contradiction avec celles des trois autres naturalistes qui se sont postérieurement occupés de cette question.

Quelques mois après la publication de M. Dufossé, M. Derbès (1) a fait connaître des observations analogues, faites également à l'aide de la fécondation artificielle, sur l'*E. brevispinosus*. Ces observations, dont l'exactitude a été confirmée par celles de M. Müller et de M. Krohn, ont été poussées un peu plus loin que celles de Baër ; mais elles n'embrassent encore qu'une période très courte de la vie de la larve, puisqu'elles s'arrêtent avant la première apparition du disque échinodermique, fait dont la découverte est due à M. Müller.

Enfin, en 1849, M. Krohn a publié un mémoire sur le développement de l'*E. lividus* de Lamarck ou *E. saxatilis* des auteurs (2); les observations qui ont donné lieu à ce travail ont été faites comme celles de MM. Baër, Dufossé et Derbès, sur des larves obtenues par la fécondation artificielle. M. Krohn a vérifié, pour l'espèce qu'il étudiait, l'exactitude des résultats généraux publiés par M. Müller dans son premier mémoire sur le développement des Échinodermes, mémoire publié en 1846. Il y a ajouté seulement quelques faits de détails ; ainsi il a constaté sur les larves la présence de l'anus, fait qui avait échappé à M. Müller dans ses premières recherches. M. Müller a reconnu plus tard la justesse des rectifications faites par M. Krohn. Plus tard, M. Krohn a repris à Naples ses observations; et il a publié un travail (*Archiv. für Anat. und Phys.*, 1851), dans lequel il confirme la plupart des résultats obtenus par M. Müller.

Tout récemment, M. le docteur Busch a publié des observations sur l'*Echinocidaris æquituberculata* des côtes d'Espagne

(1) *Observation sur les phénomènes qui accompagnent la formation de l'embryon chez l'Oursin comestible* (*Ann. des sc. nat.*, 1847, t. VIII, p. 80).

(2) *Beitrag zur Entwickelungsgeschichte der Seeigillarven*, Heidelberg, 1849.

(*Beobachtungen über Anatomie und Entwickelung einiger wirbellosen Seethiere.* Berlin, 1851). Elles ne nous sont pas encore connues.

Quant aux observations de M. Müller, elles ont été faites à plusieurs reprises, de 1846 à 1851, dans des localités et sur des espèces très diverses. Bien que, dans un travail de cette nature, il y ait nécessairement de nombreuses lacunes, toutefois il résulte, bien évidemment du travail de M. Müller, que le mode de développement des Oursins présente un remarquable exemple du phénomène, que M. Steenstrup a désigné sous le nom de *génération alternante* (*Generation-wechsel*). La larve, qui sort de l'œuf de l'Oursin, ne se convertit pas en animal parfait, par une métamorphose analogue à celle des Insectes ; mais, à une certaine époque, elle produit, par une sorte de gemmation interne, un Oursin qui, n'étant d'abord en quelque sorte qu'un organe de la larve, vivra d'une vie indépendante, lorsque la larve viendra à se détruire. La larve de l'Oursin n'est donc point une véritable larve, dans l'acception ancienne de ce mot en zoologie ; c'est, comme le dit M. Steenstrup, une nourrice (*amme*) qui produit ce nouvel animal, et qui lui fournit la nourriture pendant les premiers temps de son existence.

§ I. Observations faites sur une larve d'Oursin, dont l'espèce n'est pas déterminée.

La larve qui forme le sujet de cette observation n'a pu être suivie dans toutes les périodes de son existence ; toutefois, il résulte évidemment des caractères que présente le disque échinodermique que cet animal appartient au genre *Echinus*. J'ai donc cru pouvoir supprimer sans inconvénient une longue discussion, dans laquelle M. Müller cherche à prouver que l'animal, qui se développe aux dépens de la larve, est un Échinide, et qu'il appartient au genre *Echinus*. D'ailleurs, les expériences de fécondation artificielle, qu'il a faites lui-même pendant les années suivantes, ont mis ce fait hors de toute contestation. Le seul point en litige, c'est de savoir quelle est l'espèce d'Oursin qui a donné lieu à ces observa ions. C'est peut-être l'*Echinus sphæra* (*Echinus esculentus* de Linné) qui est très commun à Helgoland.

Premières observations faites à Helgoland (août et septembre 1845) sur des larves d'une demi-ligne de longueur.

« Les animaux de cette espèce ont un corps hyalin, quadrangulaire, arrondi supérieurement en forme de coupole, et se terminant inférieurement par une excavation peu profonde. Les quatre angles du corps s'étendent, dans la direction opposée à celle de la coupole, sous la forme de prolongements longs, pointus, un peu divergents, et qui en forment comme les supports ou les piliers. Ils contiennent une tige calcaire. Ces tiges calcaires pénètrent dans la coupole, et s'y ramifient d'une manière toute particulière... La masse hyaline, dont l'animal est formé, s'étend au delà de la partie libre de ces tiges, et forme entre elles des arcades qui longent le corps. Le corps a deux faces plus larges et deux faces plus étroites; on peut appeler les deux faces plus larges face antérieure et face postérieure. Entre les deux tiges antérieures, la peau de la larve forme sur le bord de la voûte un prolongement en forme de tente, comme une marquise. Sur la face postérieure correspondante, la substance animale du corps se termine en un long prolongement, qui est soutenu par quatre tiges particulières, disposées de telle sorte qu'il y en ait deux de chaque côté. Ce prolongement contient la bouche, ouverte en avant, et l'œsophage; l'estomac se trouve dans la partie moyenne du corps, au-dessous de la coupole.

» Pour faire comprendre cette organisation à l'aide d'une comparaison, on peut dire que la larve ressemble à une horloge reposant sur quatre longs piliers : de sa face inférieure descend le pendule, représenté sur notre larve par l'appareil buccal. Cet appareil se termine en bas par quatre prolongements pointus, dans lesquels se répandent les tiges calcaires ; deux de ces tiges calcaires sont des branches des quatre tiges principales, et pénètrent dans l'intérieur de la partie moyenne du corps qui forme la voûte, en s'écartant des tiges antérieures qui supportent la marquise.

Les deux autres tiges calcaires s'unissent à la face postérieure de la voûte en formant un angle, duquel part encore une tige impaire qui se ramifie dans l'intérieur de la voûte.

» La peau qui recouvre tous les appendices, la région moyenne du corps et le voile antérieur de la bouche, est couverte de taches d'un jaune soufre et de lignes brunes. La disposition des organes ciliés est toute particulière. Ces larves possèdent quatre bourrelets transverses en forme d'épaulettes sur les points où les quatre appendices pénètrent dans les angles du corps : les bourrelets sont garnis de cils très longs et mobiles, et au-dessous d'eux se trouve une masse épaisse d'un pigment jaune de soufre. De plus, ces larves possèdent encore sur tous les appendices, et sur la voûte elle-même, une garniture formée par une frange ciliée. Chacun des appendices est bordé par deux franges, qui se réunissent l'une à l'autre à la pointe des appendices, et qui supérieurement s'étendent, sur la voûte, de l'un des appendices à l'autre. Sur le bord antérieur du corps, dans l'endroit où il se déploie en forme de marquise, la frange ciliée suit le bord de ce voile ; ici cependant, la frange ne suit pas exactement le bord, car l'arc formé par la frange ciliée est beaucoup plus élevé que le bord de la voûte, et il s'élève sur la voûte jusque dans le voisinage du sommet. De plus, les tiges, entre lesquelles se trouvent la bouche et l'œsophage, sont garnies de cette frange ciliée qui court d'une des tiges à l'autre, et qui, dans le milieu, sous la bouche, va d'un côté à l'autre.

» La bouche est entourée d'une frange ciliée qui lui est propre. Elle est triangulaire, bordée en dessous par une lèvre transverse qui forme une saillie comparable à une cuvette ; les deux autres côtés, les côtés supérieurs, se joignent entre eux en formant un angle. Dans cette direction, la cavité buccale se prolonge dans l'œsophage, qui pénètre dans le cul-de-sac de l'estomac. Ce dernier pénètre dans l'intérieur de la région moyenne du corps, voûtée supérieurement, inférieurement excavée, et il est fréquemment recourbé de nouveau, de telle sorte qu'une partie du cul-de-sac stomacal est repliée en avant comme un intestin. Je n'ai pu reconnaître avec certitude l'existence pour cette dernière pièce d'un orifice extérieur (1). Quand on observe l'animal par la face antérieure là où la lumière réfractée peut s'apercevoir entre l'estomac et le second cul-de-sac, cette lumière peut facilement être prise pour un anus situé à la face antérieure des corps à quatre faces. La bouche et l'œsophage se rétractent de temps en temps avec force. L'intérieur de la cavité buccale, l'œsophage et de l'estomac présentent le mouvement vibratile.

» Ces larves ont près d'une demi-ligne de long ; elles vivent librement dans l'eau ; elles se meuvent uniquement par le mouvement vibratile, et la face du corps à laquelle sont attachés les appendices est toujours en avant. Les bras ne peuvent se mouvoir, et les tiges solides qui ont entre elles la bouche et l'œsophage, n'éprouvent qu'un mouvement passif résultant de la contraction énergique de ces deux organes.

» Le premier signe de la métamorphose se manifesta dans ces larves par l'appariton d'une plaque discoïde qui se montra, dans les mois d'août et de septembre, sur l'une des faces étroites de la voûte au-dessous des taches de la peau, et qui s'inclinait obliquement contre le sommet de la voûte. C'était comme le cadran dans l'appareil comparé à une pendule ; mais ce cadran ne correspondait pas à la place occupée par le pendule, et il se trouvait sur les côtés de l'horloge. Ce disque était également opposé à la place de la bouche dans la larve. Le disque rond, et seulement un peu convexe, était aussi couvert de taches jaunes. Il était partagé par une figure à cinq feuillets en cinq divisions comparables à des valves ; ces divisions se réunissaient à la partie moyenne, tandis qu'à la périphérie elles laissaient entre elles des espaces libres. Chacun des champs en forme de valve avait les contours doubles, et situés à une grande distance l'un de l'autre. En face du disque, première apparition de l'Échinoderme, se montraient sur la voûte, et de chaque côté, des *pédicellaires* à trois branches, qui sont, comme on sait, propres aux Oursins, car ceux des Étoiles

(1) Nous avons déjà dit que M. Krohn a constaté l'existence de l'anus sur les larves de l'*Echinus lividus*. M. Müller a reconnu plus tard l'exactitude de cette observation de M. Krohn.

de mer n'ont que deux branches (1). Les pédicellaires étaient profondément implantés dans la voûte, et déjà doués de mouvements volontaires, puisque les bras de la tenaille s'ouvraient et se fermaient. La larve n'avait le plus souvent que quatre *pédicellaires*, deux de chaque côté, et placés l'un à côté de l'autre.

» Pendant que le disque s'accroît dans l'intérieur de la voûte, il se forme sur les parties périphériques de ce disque de nouvelles divisions qui enferment les cinq champs primitifs du milieu ; de telle sorte qu'au dehors, entre les cinq champs primitifs, apparaissent cinq figures circulaires avec des doubles contours. Ce sont les points d'attache futurs pour les tentacules ou ambulacres. Alors le jeune Échinoderme, qui est en train de se former, est caractérisé, pour la première fois, par cinq longs ambulacres impairs à divisions symétriques régulières, qui sortent des orifices du disque sous l'aspect de cœcums à double contour. Les autres divisions périphériques, qu'on ne saurait confondre avec les plaques de l'écaille d'un Oursin complétement développé, se convertissent plus tard en tubercules arrondis, et ceux-ci se développent en prolongements cylindriques qui doivent se changer en piquants.

» Lorsque le jeune Échinoderme a atteint ce degré de développement où il forme un disque subconvexe, garni de piquants et de cinq tentacules ou ambulacres élargis, alors les ambulacres, de même que les piquants se multiplient sur toute la surface de la voûte de la larve ; les ambulacres se meuvent, dans toutes les directions, comme des appareils de tact, et ils ont la faculté de s'attacher aux corps environnants. Les piquants se meuvent aussi à la volonté de l'animal. Cependant la bouche de la larve est encore à sa place primitive, et elle est, comme l'estomac, douée de sa pleine activité. Les ambulacres sont annelés, et ils sont, ainsi que les piquants, couverts de taches jaunes et brunes clairse-

(1) En exceptant toutefois le genre *Luidia*; les pédicellaires de la *Luidia Savignii* des mers du Nord ont trois branches. La *Luidia japonica* des mers du Japon présente à la fois des pédicellaires à trois branches et des pédicellaires à deux branches. M. Müller a observé une fois sur une de ses larves d'Oursins, et figuré des pédicellaires à deux branches.

mées. Chacun des cinq ambulacres porte à son extrémité une ventouse ayant dans son milieu une petite éminence tout à fait comme les ambulacres de l'Oursin adulte dans leur état d'extension, tels qu'ils ont été figurés, après la vie, par Monro. Dans la ventouse on aperçoit un cercle calcaire présentant plusieurs angles. Les ambulacres sont creux dans l'intérieur, mais leur cavité est fermée à son extrémité comme chez tous les Échinodermes (1). Dans leur premier état, les ambulacres sont arrondis à leur extrémité, la ventouse se développe ultérieurement. Les piquants, qui atteignent quelquefois une longueur considérable, contiennent un squelette calcaire : quand ce squelette est complétement formé, il consiste en un prisme hexagone inscrit au cylindre que forme la peau du piquant, prisme formé par un réseau calcaire à mailles régulières, qui se continue à son extrémité par plusieurs pointes très petites. L'arrangement de la charpente réticulée dans l'épaisseur du piquant est radiaire; c'est-à-dire que l'extrémité de l'épine, vue verticalement, présente une étoile à six bras. Avant que le squelette du piquant soit complétement formé, il a, à la première vue, exactement la forme d'un candélabre. Sa base est, en effet, une étoile à six rayons, du milieu de laquelle sort une tige qui, d'abord simple, se partage en plusieurs tiges qui se réunissent une seconde fois. Ainsi se forme un bouton qui émet au dehors des pointes. Sur ce bouton s'élève l'appendice dans une direction longitudinale, en même temps qu'il en sort six longs bras qui montent parallèlement dans la partie supérieure, et portent des pointes en dehors. La longueur des pointes complétement formés est assez grande pour qu'elle atteigne au moins le tiers du diamètre du disque entier de l'animal.

» Il est très douteux que les tentacules ou ambulacres apparaissent d'abord sans être disposés par paires ; car chez aucun

(1) « M. Valentin affirme, dans son *Anatomie de l'Oursin*, que les extrémités des ambulacres des Oursins possèdent une ouverture dans leur milieu, comme cela paraît être quand le milieu de la ventouse est rétracté. Mais M. Tiedemann a déjà opposé, avec raison, à Monro, que la cavité de l'ambulacre est fermée à son extrémité. » *(Note de l'auteur.)*

Oursin adulte, ni même chez aucun Échinoderme, on ne rencontre cinq pareils tentacules impairs. Au reste on voit déjà les supports pour une distribution ultérieure des tentacules par paires; car immédiatement en avant des tentacules impaires, et près du milieu, il est déjà possible de reconnaître les supports de tentacules plus petits distribués par paires et en cercles; il y a ainsi un cercle de dix tentacules, et le long de la périphérie on trouve encore des supports de tentacules distribués par paires.

» Le disque lui-même, sur lequel les tentacules et les piquants se développent, possède aussi un réseau calcaire particulier qui apparaît après un temps un peu plus long. Il consiste primitivement en pièces isolées, formées de trois branches, qui se terminent en une sorte de fourche; plus tard ces pièces se convertissent en un réseau à mailles rondes.

» La peau de la larve s'étend, sans perforation, sur le milieu du disque; et bien que plus tard il y ait certainement là une ouverture, il est certain que rien de pareil n'existe encore. On n'aperçoit encore rien du test de l'Oursin; et quand on arrive pour la première fois à apercevoir les divisions qui se forment sur le disque, on se convainc bientôt que les divisions qui se forment les unes à côté des autres sont destinées seulement à soutenir les pieds et les épines, et n'ont rien à faire avec les pièces du squelette.

» En cette période de leur métamorphose, les larves nagent à l'aide de leurs organes ciliés (les franges ciliées et les épaulettes ciliées) encore dans leur pleine activité; elles rampent avec leurs cinq ambulacres; elles meuvent leurs pédicellaires comme des tenailles, et leurs piquants, chacun indépendamment des autres. »

M. Müller rapporte qu'il a observé d'autres larves tout à fait comparables aux précédentes, mais qui en différaient par la forme de la voûte et le mode de terminaison des tiges calcaires dans son intérieur. La voûte, au lieu d'être ronde, était terminée par une pointe tronquée à son extrémité. Dans cette pointe pénétraient les tiges calcaires des deux bras principaux antérieurs, et ils se partageaient en deux courtes branches transverses. M. Müller pense que ces larves ne sont qu'une variété de l'espèce précédente.

Continuation de ces observations (Helsingör, sur le Sund, en septembre 1847).

Ces observations ont été faites sur des larves qui avaient déjà perdu complétement leurs appendices, ainsi que la bouche et le pharynx.

« Un de ces individus présente encore quelques légères traces de la larve, c'est-à dire les tiges calcaires qui sortent de l'Échinoderme sphérique. Un autre les a complétement perdues. En cet état les animaux qui se trouvent toujours en pleine mer sont longs de 1/2 ligne environ. Leur corps est sphérique; on y distingue une face privée de piquants et de tentacules, et seulement revêtue de la peau de la larve primitive; l'autre moitié est, à l'exception de son milieu, couverte de piquants et d'ambulacres. L'animal s'attache au verre à l'aide de ses ambulacres. Les ambulacres ont, dans leur ventouse, un réseau calcaire circulaire aussi développé que celui que l'on voit dans les jeunes Oursins de 3 à 4 lignes de diamètre, et leur carapace est complétement formée, seulement elle est moins épaisse. On voit dans ces ambulacres monter et descendre de petites sphères, tantôt par suite des contractions du pied, et tantôt aussi par suite d'un mouvement vibratile intérieur. On ne voit pas encore de plaques calcaires; quelquefois on voit des figures calcaires ramifiées dans la peau ou au-dessous d'elles. On ne peut pas encore apercevoir de perforation dans le milieu de la face épineuse de la sphère, et l'on ne voit pas plus sur l'autre face de trace d'ouverture. Les piquants sont encore des prismes à six pans; ils ont déjà de très fines aspérités ou de petites apophyses qui se développent sur les angles (on sait d'ailleurs que les piquants des jeunes Oursins, de 3 à 4 lignes de long, sont très âpres); ils ne sont plus hexagonaux, mais ils présentent un grand nombre d'angles et se rapprochent de la forme cylindrique. L'extrémité des piquants est égale dans les deux cas; elle se termine par de petites dentelures. Les taches pigmentaires des ambulacres sont aussi visibles dans nos petits animaux de 1/2 ligne que sur les ambulacres des jeunes Oursins de 3 à 4 lignes de diamètre. »

M. Müller n'a pu constater sur cette espèce, en la soumettant à la compression, l'existence des dents ; toutefois il pense qu'on peut la considérer comme vraisemblable, car les tentacules de ces animaux ont une forme que l'on ne trouve que dans le genre *Echinus*.

§ II. Observations faites sur la larve de l'*Echinus lividus*.

C'est cette espèce qui a fait le sujet des observations de M. Krohn, et peut-être aussi, comme le paraît croire M. Müller, de celles de M. Derbès, quoique ce dernier indique l'*Echinus esculentus* (le *brevispinosus* de Risso). Mais ces larves, observées par M. Derbès, ne se sont développées que très imparfaitement, et sont devenues monstrueuses, comme M. Krohn en a déjà fait la remarque. Quant aux observations de M. Krohn, elles ne s'étendent pas au-delà de l'époque de la formation des quatre bras.

M. Müller a pu compléter l'histoire du développement de cet animal en étudiant les larves qui se rencontrent très fréquemment, à l'état sporadique, à Marseille, à Nice et à Trieste, et en répétant les expériences de fécondation artificielle faite par les deux naturalistes que nous venons de citer. M. Müller fait remarquer à ce sujet que la fécondation artificielle des œufs de l'*Echinus lividus* a réussi deux années de suite pendant le mois de septembre ainsi que pendant le mois d'avril ; tandis que cette opération n'a réussi qu'au printemps pour un certain nombre d'Échinodermes d'espèces très différentes (1).

La larve de l'*Echinus lividus* est toujours facilement reconnaissable à son sommet élevé et pyramidal, à la manière dont les tiges calcaires se terminent dans l'intérieur du sommet, où elles forment des espèces de massues entrecroisées, et à l'absence d'une structure réticulée dans les tiges calcaires. Dans les premières périodes de développement (pendant lesquelles elle a été étudiée par MM. Derbès et Krohn), elle n'a que quatre appendices ; mais

(1) *Holothuria tubulosa*, *Astropecten aurantiacus*, *Ophiothrix fragilis*, *Echinus pulchellus*.

elle acquiert plus tard quatre autres appendices et des épaulettes ciliées, comme la larve d'Helgoland.

Les observations nouvelles de M. Müller ont d'ailleurs confirmé l'exactitude des observations de ses devanciers, particulièrement en ce qui concerne l'existence de l'anus.

« La présence fréquente de ces larves à Marseille et à Nice, dit M. Müller, m'a donné l'occasion de me convaincre de l'existence de l'anus dans les larves d'Oursins. Je n'avais pu y arriver dans les larves d'Helgoland, et je croyais pouvoir expliquer l'apparence d'anus chez certaines larves d'Oursin par une illusion. Derbès et Krohn ont déjà déterminé l'anus d'une manière évidente chez les jeunes larves, et Krohn a expliqué son absence apparente dans certaines larves par la rétraction temporaire de l'ouverture, poussée jusqu'à une disparition complète. D'après un examen sur toutes les faces de cet objet, dans un très grand nombre de larves, je dois reconnaître comme exacte l'observation de Derbès et de Krohn. »

Les premières phases du développement de l'*Echinus lividus* ayant été très exactement reproduites par M. Derbès et Krohn, M. Müller ne commence le récit de ses observations qu'au point où finissent celles de ces deux naturalistes, c'est-à-dire le onzième jour après la fécondation.

« En cet état, des deux tiges calcaires latérales du corps, qui montent dans l'intérieur de la pyramide, sortent, dans une même direction, des prolongements qui pénètrent dans les bras du voile en forme de marquise; de chacune de ces branches principales sortent, à angle droit, un rameau qui se partage, après son origine, en une tige transverse, laquelle vient à son tour rejoindre, derrière l'intestin, celle de l'autre côté en se croisant avec elle, et une tige courbe, qui se répand dans le voile buccal, correspondant à la marquise, particulièrement dans son bord et son bras. Sur cet arc se développe encore une branche montante qui se dirige dans l'intérieur de la pyramide. L'union des tiges calcaires de droite à gauche paraît, dans la larve normale, ne pas arriver jusqu'à l'accomplissement de dimensions précises. De là dépend encore le développement de la pyramide.

» Pendant le développement de la larve, l'accroissement se fait surtout dans la direction longitudinale par l'allongement des bras; mais la pyramide du corps s'accroît autant en longueur qu'en largeur : les tiges calcaires situées dans l'intérieur ne peuvent pas se dilater, mais elles s'accroissent par l'adjonction d'une masse nouvelle à l'extrémité tournée du côté de la paroi. Ainsi s'accroît la longueur de ces tiges dans la pyramide, depuis l'extrémité de la pyramide jusqu'à la place de l'origine des branches. Le squelette n'empêche pas ce développement de la pyramide en largeur, puisque ces branches transverses des tiges calcaires, qui se joignent des deux côtés au-dessous de l'intestin, ne s'unissent point de gauche à droite, mais qu'elles restent séparées aussi longtemps que dure le développement....

» Sur ces larves longues de 1/3 de ligne, et qui présentent l'origine des bras latéraux postérieurs qui manquaient jusque-là, apparaissent, pour la première fois, deux corps en forme de boudins sur les côtés de l'estomac. Ce sont les corps que j'ai décrits et figurés dans les larves d'Ophiures et dans les *Auricularia*, et qui se développent également dans les *Bipennaria* à une certaine époque (1). On ne les trouve pas dans les larves d'Oursins avant la période actuelle. On pourrait considérer ces corps qui apparaissent dans les larves de tous les Échinodermes à une époque précise de leur développement, et qui disparaissent ensuite dès que l'Échinoderme s'est formé comme un blastème servant au développement du corps de l'Échinoderme, si ces corps ne se retrouvaient aussi chez les *Auricularia*, chez lesquels la larve tout entière se transforme en Échinoderme...

» Aux seizième, dix-septième, dix-huitième jours après la fécondation, les larves d'Oursins avaient déjà, pour la plupart, une partie considérable des appendices latéraux postérieurs du corps, et la deuxième paire des appendices de l'appareil buccal, en tout huit appendices : la longueur de l'animal entier était de 1/3 ou 7/20e de ligne. Par le développement des appendices latéraux postérieurs sur le voile, la base de la pyramide s'est elle-même

(1) Voir, à ce sujet, les parties de ce travail qui se rapportent au développement des Astéries et des Holothuries

accrue en largeur. La frange ciliée se montre également sur les nouveaux appendices. La tige calcaire de l'appendice latéral postérieur n'est point unie au reste du squelette calcaire, et elle se termine le plus souvent, à sa partie supérieure, par deux rameaux qui sont dirigés vers la face dorsale. L'appendice accessoire, nouvellement formé de chaque côté de l'appareil buccal, contient une tige calcaire qui vient dans la face dorsale du corps à la rencontre de celle de l'autre côté; sur cet arc s'élève encore un rameau, comme dans la larve d'Helgoland, à épaulettes ciliées. Ces appendices accessoires de l'appareil buccal restent toujours plus petits que dans les autres espèces de larves d'Oursins. L'arc de la frange ciliée monte sur les faces de la pyramide beaucoup plus haut que précédemment; de telle sorte qu'il est placé plus haut que la concavité ou le voile de la pyramide, tandis que précédemment il était situé plus bas. Sur tous les exemplaires de cet âge j'observai un bouclier (*umbo*), qui, jusque-là, n'avait pas encore été visible sur cette larve, en rapport avec une vésicule pénétrant dans l'intérieur. Le bourrelet annulaire, de couleur jaune, repose sur l'un des côtés du corps de la larve, et dans toutes ces larves sur le même côté et à la même place. Il se trouve sur la face excavée de la pyramide du corps en dedans de l'arcade latérale de la frange ciliée; et lorsque l'on a devant soi la face dorsale de la pyramide et que les pans sont tournés en haut, le bouclier est toujours sur l'arcade latérale droite. C'est là le côté et la place sur lesquelles, dans les larves plus développées, apparaissent les premiers rudiments du disque échinodermique. Sur le côté opposé on ne voit rien de semblable, ni bouclier, ni vésicule. On voit surtout le bouclier et la vésicule lorsque l'on donne à la larve dans l'eau une position telle que l'on voit la face en question; alors le bouclier et la vésicule peuvent encore être vues par transparence à travers la face dorsale. Le bouclier apparaît à droite de l'estomac, dans le côté opposé à l'entrée du pharynx dans l'estomac. L'extrémité de la vésicule pyriforme est également située sur le côté opposé... »

Ici s'arrêtent les observations faites sur des larves produites par la fécondation artificielle; les observations suivantes ont été faites sur des larves sporadiques qui présentaient déjà le disque échinodermique.

» Sur les larves qui ont atteint 1/3 de ligne en longueur, et chez lesquelles les appendices postérieurs commencent à se développer, l'arc des franges ciliées sur les faces de la pyramide est déjà dirigé en haut, mais il est encore placé au bord de l'arcade latérale du voile, et la peau de la larve monte au-dessous du bord cilié, depuis la surface extérieure jusqu'à la face inférieure. C'est sur cette face interne qu'est situé le bouclier. Mais dès que les bras latéraux postérieurs sont entièrement formés, la peau est encore, au-dessous de l'arc latéral de la frange ciliée, étendue en une arcade qui s'accroît en hauteur avec le développement du nouveau bras, de façon que plus tard l'arc latéral de la frange ciliée est placé uniquement sur le bord en forme d'arc du voile. C'est ici, plus tard, entre le bord du voile et l'arc de la frange ciliée, que le disque échinodermique apparaît au-dessous de la peau, comme dans la larve à épaulettes ciliées d'Helgoland. La forme du disque échinodermique est exactement la même que dans la larve d'Helgoland; c'est un disque rond, dans lequel se dessine une figure d'étoile à cinq parties...

» J'ai pu me convaincre de la manière la plus positive que le bouclier est la première apparition du disque échinodermique; et que, de la vésicule qui lui est unie, part un canal qui s'élève vers la face dorsale de la larve à côté de la partie supérieure du pharynx, entre le pharynx et la tige calcaire postérieure, et qui s'ouvre sur le dos de la larve également à côté de la ligne médiane. L'ouverture se trouve au dessus de l'insertion du pharynx dans l'estomac; son bord paraît dentelé et crénelé. Dans de pareilles larves, dans l'intérieur desquelles on observait déjà le disque échinodermique bien développé, on pouvait observer le canal qui, partant de cette étoile, se dirige en arrière et en bas. Nous avons revu ce canal, ainsi que son orifice, sur le dos de la larve chez les larves d'Astéries, et nous avons acquis la certitude que ce canal est le canal pierreux, et que le pore est la première apparition de la plaque madréporique.

» La longueur des larves d'un même degré de développement varie par suite de la longueur inégale des bras chez les divers individus. Sur la larve de l'*E. lividus*, le premier indice de métamorphose se manifeste lorsqu'elle a atteint 1/3 à 2/3 de ligne, puisque la première trace du système tentaculaire se forme avec le premier indice du disque échinodermique. Pendant que ce disque augmente de diamètre, les bras latéraux postérieurs, qui sont les derniers formés, ont atteint leur entier développement; le bord cutané du voile, qui d'abord était étendu entre le bras antérieur et le bras postérieur de la larve, au-dessous de l'arc latéral de la frange ciliée, maintenant descend beaucoup plus bas, et forme un arc étendu entre le bras de la marquise et le bras latéral postérieur, arc dont le bord est situé beaucoup plus profondément que l'arc latéral de la frange ciliée. Entre le bord latéral du voile et l'arc latéral de la frange ciliée se trouve la place du disque échinodermique sur le côté de l'estomac, exactement comme dans la larve d'Helgoland. J'ai de nouveau observé dans cette espèce la formation des pédicellaires...

» L'anus est placé sur un tout autre côté du corps, à quatre pans, de la larve, que le disque échinodermique. L'anus se trouve sur la face latérale antérieure du voile; tandis que le disque échinodermique, dans la larve de l'*E. lividus* comme dans celle d'Helgoland, se trouve sur la face latérale du corps quadrangulaire. »

Dans une dernière série d'expériences, M. Müller est arrivé à constater l'exactitude de ses conjectures sur la signification du pore dorsal et du canal qui y fait suite. « L'Oursin est garni de deux pédicellaires sessiles, à deux bras, et placé sur le côté de la voûte opposé à celui du disque échinodermique. Le conduit qui sort du disque échinodermique descend d'abord obliquement en arrière, puis il s'infléchit en arrière dans une direction horizontale, pour s'ouvrir vers le dos par un pore latéral entre le pharynx et l'estomac. Ce qui nous intéresse surtout, c'est son mode de relation avec le disque échinodermique. Il y a sur le disque cinq longues ouvertures, dans lesquelles pénètrent les extrémités de cinq canaux disposés radiairement, comme des tentacules, avec une cavité bien évidente. Ces canaux sont unis vers leur milieu par un canal circulaire, et sur ce canal s'insère un canal provenant du pore dorsal de la larve. Le canal qui entoure la région médiane est évidemment le canal circulaire qui entoure l'œsophage de l'Oursin définitif ; les cinq canaux qui en sortent sont les canaux ambulacraires dont proviennent les cinq premiers tentacules ou ambulacres. Le canal qui rejoint le pore dorsal est le canal qui, dans l'Oursin, s'étend de la plaque madréporique au canal circulaire qui est l'analogue du canal pierreux de l'Astérie. Le disque échinodermique est tacheté de jaune entre les cinq ambulacres. Il est manifestement formé de deux éléments différents : la couche extérieure tachetée de jaune, qui est le premier indice du périsome, et sur laquelle, çà et là, se développent les piquants ; et le système ambulacraire, qui est recouvert par le commencement du périsome. L'espace contenu en dedans du canal annulaire est le milieu de la face ventrale de l'Oursin définitif. Il n'y a sur la face dorsale de l'Oursin aucune réunion des canaux ambulacraires, qui sont parfaitement séparés les uns des autres. »

En suivant le développement de cette espèce, M. Müller a vérifié l'exactitude d'observations faites par M. Krohn (*Archiv. für Anatomie und Physiologie*, 1851, s. 244), et dont il résulte que le disque échinodermique correspond au pôle dorsal de l'Oursin. D'après ses premières observations, M. Müller avait cru devoir admettre une opinion contraire.

§ III. *Echinus pulchellus.* — Observations faites à Marseille, au printemps de 1850, à l'aide de la fécondation artificielle.

« Le développement de cette espèce est exactement semblable à celui de l'*E. lividus*, et le jeune a la même forme. Je dois seulement appeler l'attention sur le rôle que les cellules paraissent jouer dans le mode de dépôt de la matière calcaire. Quarante-quatre heures après la fécondation, on voyait la première apparition de l'organe digestif et son ouverture sur la face aplatie du corps, dans l'endroit où la couche extérieure de l'embryon, formée de cellules, se continue avec la paroi, également formée de cellules, du cœcum digestif. D'après Krohn, cet orifice correspond à l'anus ultérieur, et, en réalité, la disposition ultérieure des tiges calcaires vient à l'appui de cette manière de voir. Vers cette époque on voit, à droite et à gauche, la première apparition du dépôt calcaire, sous la forme d'une tige calcaire formée de trois branches. De ces branches il y en a deux qui sont opposées l'une à l'autre ; ce sont celles qui, plus tard, se rencontrent transversalement au-dessous de l'intestin. Deux autres se dirigent en haut, vers le sommet de la pyramide ; les deux dernières se dirigent en arrière, et sont destinées à l'appareil buccal qui doit se former plus tard. Autour de ces tiges calcaires, il y a un groupe d'un grand nombre de cellules qui se distinguent bien nettement du reste du tissu. Ces cellules s'étendent extérieurement au-dessus des tiges calcaires, là où les tiges calcaires s'accroissent ; et l'on voit que le dépôt ultérieur de la matière calcaire est préparé par le développement de ces cellules (1).... Ces cellules ont l'aspect d'une vésicule, mais je n'y ai jamais pu reconnaître de noyaux.... Sans doute c'est aux dépens de ces corps vésiculeux que se forment les prolongements filamenteux, décrits par Krohn, qui traversent ultérieurement la cavité générale de la larve....

» Dans un degré de développement plus avancé, la jeune larve présente très exactement la forme pyramidale, comme l'*E. lividus ;* car il se forme sur la face inférieure deux angles antérieurs, et postérieurement une sorte de voile avec deux angles postérieurs, qui supporte l'appareil buccal. La bouche, l'estomac, l'intestin et l'anus sont comme dans les autres espèces d'Oursins. Les tiges calcaires se comportent entièrement comme chez l'*E. lividus ;* leur extrémité, qui pénètre dans la pyramide, s'épaissit en massue, et, plus tard, il se forme des espèces de dentelures vers les points de la pyramide. Ces larves ne peuvent alors être distinguées de celles de l'*E. lividus*, qui sont aussi couvertes de points rouges ; toutefois elles sont moins grêles et moins élevées ; les appendices sont moins longs, et vers le quatorzième ou le seizième jour, lorsque les larves n'ont pas encore atteint une longueur de $\frac{2}{10}$ de ligne, les branches dentelées des tiges calcaires

(1) Ceci a été vu dans les *Auricularia*. (Voy. à ce sujet les autres parties du atrvail de M. Müller.)

dans l'intérieur de la voûte, qui, le plus souvent, sont situées à côté l'une de l'autre sans se croiser, sont beaucoup plus fortes et d'un tissu très serré, tellement qu'elles ressemblent aux bois des Cerfs. Ces branches sont dirigées tantôt de bas en haut, tantôt, et ce sont surtout les plus grandes, de haut en bas. »

Ces observations n'ont pas été suivies plus loin, et s'arrêtent au même point que celles de Derbès et de Krohn.

§ IV. Observations faites à Helgoland (juillet et août 1846) sur une larve d'une espèce inconnue, mais qui, par la forme de ses dents, doit appartenir aux genres *Echinus* ou *Cidaris*.

« Ces larves, qui se présentaient fréquemment à Helgoland, se distinguent des larves précédentes en ce qu'en outre des quatre bras qui sortent des angles du corps et des quatre autres appendices, dans lesquels se termine l'appareil bucco-pharyngien, elles possèdent encore deux bras qui se dirigent en arrière et en bas, et trois bras particuliers qui sortent de la surface extérieure de la voûte, en tous treize bras; en ce que les quatre épaulettes ciliées manquent complétement, et en ce que les bras (à l'exception des deux bras surnuméraires dirigés en arrière et en dessous) sont extrêmement longs. Parmi les trois bras particuliers à la voûte, le bras impair forme une tige plus ou moins longue, souvent même très longue, sur le sommet de la voûte, comme s'il était le prolongement de l'axe de l'animal. Il contient un squelette calcaire, c'est-à-dire une tige formée par un réseau de trois bandelettes longitudinales. A son pied, dans l'endroit où cette tige repose sur la voûte, elle se partage en deux bandelettes calcaires, qui descendent en dedans de la voûte, se prolongent dans les bras latéraux qui s'écartent obliquement du corps dans une direction verticale ou transversale. Les trois tiges de la voûte sont dépourvues de garniture ciliée; les épaulettes ciliées manquent aussi complétement. La garniture ciliée des bras inférieurs, et des arcades situées entre ces bras, ressemble à celle des espèces précédentes. Les quatre piliers principaux de la voûte, dont la longueur est considérable, contiennent des tiges calcaires réticulées qui forment l'appareil buccal, et les appendices surnuméraires inférieurs et postérieurs sont simples. La voûte dans cette espèce est très élevée... Les tiges calcaires des bras principaux inférieurs s'unissent de chaque côté en une tige unique ; ces tiges convergent dans la voûte ; elles ne sont pas unies par leurs extrémités, mais elles émettent en avant et en arrière une tige calcaire transverse qui pénètre dans la voûte. Les tiges calcaires transverses antérieures ne s'unissent point, mais s'entrecroisent ; les postérieures s'unissent pour former une branche verticale médiane, qui se ramifie en deux branches divergentes. Les tiges calcaires de l'appareil buccal pénètrent dans ses appendices, de telle façon que cet appareil a de chaque côté un appendice antérieur et un appendice postérieur, et que la tige calcaire de l'appendice postérieur se comporte dans la voûte comme une branche de la tige principale antérieure, tandis que l'appendice antérieur de l'appareil buccal tire sa tige calcaire de la paroi postérieure de la voûte, par une division de la branche verticale médiane. Les deux courts appendices accessoires, qui sortent entre les tiges principales postérieures de l'appareil buccal, et sont dirigés en arrière, tirent leurs tiges calcaires des branches qui divergent dans le bord postérieur de la voûte.

» L'appareil buccal a exactement la même forme et la même structure que chez les larves à épaulettes ; il a une face antérieure et une face postérieure. La face postérieure est le prolongement de la face postérieure du corps ; la face antérieure porte la bouche, dont la forme est la même que chez les larves à épaulettes ; la bouche conduit dans le pharynx, et celui-ci s'ouvre par un rétrécissement dans l'estomac qui est situé dans le corps de l'animal. L'animal se meut seulement par le mouvement vibratile, ce qui fait que les appendices inférieurs se dirigent en avant. D'ailleurs le mouvement vibratile existe encore sur la bouche et sa cavité, sur le pharynx et sur l'estomac.

» Plusieurs de ces larves ne présentaient encore aucun indice de disque échinodermique ; chez d'autres, ces indices se voyaient déjà sur la petite face de la voûte ; chez d'autres enfin, le disque était déjà couvert d'épines, et l'on y voyait des pores tentaculaires et des tentacules (1). Je n'ai jamais vu de pédicellaires dans cette espèce. Les piquants ressemblent entièrement à ceux des espèces précédentes, et ils deviennent très élevés, de telle façon qu'ils proéminent au-dessus de la peau de la larve; l'animal les meut volontairement. La charpente calcaire qui existe dans leur intérieur forme un prisme à six pans, d'une construction réticulaire, dont les parties supérieures se prolongent, au-dessous de la peau extérieure des piquants, en plusieurs petites pointes. L'arrangement intérieur des tiges dans l'épaisseur du piquant forme aussi une étoile à six rayons. La surface entière du disque est couverte de ces piquants, qui sont, comme la larve tout entière et les appendices, mouchetés de taches de pigment jaunes et brunes. Leur longueur est aussi considérable que dans les espèces précédentes, puisqu'elle atteint le tiers du diamètre du corps entier qui leur sert de support. Le disque qui sert de support aux piquants possède aussi un réseau de nature calcaire.

» J'ai observé une seule fois une larve, sur laquelle les tiges calcaires avaient en grande partie disparu, et sur laquelle il ne restait plus rien de l'appareil buccal. Le jeune Échinoderme formait un corps en sphère allongée, un peu aplatie, sans aucune trace de bras analogues à ceux des Astéries : l'une des moitiés de la surface était entièrement couverte de piquants ; l'autre moitié était membraneuse, et présentait encore des traces de la peau de la voûte. Outre les taches de pigment, on voyait aussi les spicules calcaires irrégulièrement ramifiés de la voûte. La face épineuse était convexe comme un verre de montre, montrant ici et là des pores tentaculaires ; et sur la périphérie on voyait sortir quelques longs tentacules ou ambulacres, dont je n'ai pu voir nettement la disposition. Sur la partie opposée et membraneuse de la sphère, on ne voyait point de bouche. La longueur et la forme des piquants sont encore comme précédemment.

(1) Ces tentacules sont, à leur extrémité, arrondis et comme vésiculeux, comparables sous ce rapport à ceux des Cidaris; ils en diffèrent par l'absence d'un squelette calcaire. Ils diffèrent de ceux du genre *Echinus* par l'absence de ventouse, et d'un anneau formé de pièces calcaires. Mais ce n'est peut-être là qu'un caractère d'âge; car, dans les larves à épaulettes ciliées, les ventouses ne se forment que tard sur des tentacules d'abord ronds et arrondis.

» Une autre fois, j'ai observé un corps tout semblable, de même grandeur (1/3 de ligne), presque sphérique, un peu aplati, et dégagé de tous les restes des appendices de la larve. Il provenait, comme le précédent, de la pleine mer; mais il se mouvait sur le verre exactement comme un Oursin : en effet, il mouvait ses piquants séparément, et il faisait sortir à la périphérie du corps de longs tentacules, à l'aide desquels il se fixait au verre. Le milieu de l'espace d'où naissaient les piquants était dépourvue de ces organes. Au travers de la peau qui couvrait cette partie, et qui présentait des taches de pigment, je reconnus un espace divisé en cinq parties avec une figure pentagonale au milieu. Le côté opposé à la partie garnie de piquants était convexe; il était simplement recouvert d'une peau tachetée, sous laquelle on voyait encore les traces des tiges calcaires de la larve. En tout cas, les pieds se distinguaient, quant à leur forme, de ceux de l'Échinoderme qui se développe aux dépens de la larve munie d'épaulettes ciliées; car l'extrémité des pieds ne montrait jamais de ventouse, mais était toujours vésiculeuse et sans figure calcaire; il n'y avait de ressemblance que dans l'annulation et l'existence des taches. »

Ces observations ont été faites à Helgoland en septembre 1846, et n'ont pu être cette année suivies plus loin. L'année suivante, M. Müller, pendant le mois de septembre 1847, à Helsingör, étudia une larve sans épaulette ciliée, comme la précédente, mais qui en différait parce qu'elle n'avait pas de bras à la voûte, et qu'elle n'avait par conséquent que huit appendices, les quatre supports symétriques du corps et les quatre appendices de l'appareil buccal. Il avait déjà eu occasion d'observer quelques unes de ces larves l'année précédente. Il continua ses observations sur ces larves, surtout sur les individus qui ne possédaient plus que des restes des appendices de la larve et des tiges calcaires, et sur ceux qui avaient complétement perdu ces appendices à leurs tiges calcaires, mais qui se trouvaient encore dans la pleine mer.

« Les plus grands individus (1/2 ligne), sans rudiments de larve, étaient sphériques; ils étaient toujours sans ouverture buccale et anale (1). L'une des faces du corps, à l'exception de la partie médiane, était entièrement garnie de piquants très longs (la moitié ou plus de la moitié de la longueur entière de l'animal), et en même temps d'ambulacres très nombreux ; ces deux sortes d'organes occupaient encore la circonférence équatoriale de la sphère; l'autre côté de la sphère était dépourvue de piquants et de tentacules, et couverte seulement d'une peau tachetée de brun. Les piquants sont des prismes hexagonaux, dont les angles portent ici et là de petites aspérités ou apophyses. Ce que j'ai trouvé sur ces larves de plus remarquable pendant cette période de développement, c'est l'existence d'organes cunéiformes, que je considère comme les dents. On voyait tout d'abord, en plaçant l'animal sur une lame de verre, et en le recouvrant d'une lame de verre mince, préparation qui affaissait tous les piquants, apparaître cinq organes, très évidents, en forme de dents. Ces organes n'ont point la structure réticulée des parties squelettiques des Échinodermes, structure qui est aussi propre aux supports des dents des Oursins; mais ils sont entièrement solides, comme les dents contenues dans l'appareil dentaire des Oursins, dents qui, sous le microscope, ne se montrent composées que d'aiguilles ou de prismes calcaires accolés les uns aux autres... Ces petites dents doivent donc être comparées non point aux cinq appareils dentaires de l'Oursin, mais aux dents émaillées contenues dans les appareils, ou plutôt à leurs pointes les plus extérieures, quand elles ne sont pas encore usées par la mastication.

» On voyait latéralement les arêtes qui s'étendent sur la face inférieure de l'émail dentaire, comme sur les dents des Oursins adultes. Dans un cas, les dents émaillées paraissaient de plus encadrées d'un réseau de pièces calcaires triangulaires, que je regarde comme la première apparition de l'étui dentaire ou des pièces maxillaires. Ces pièces étaient distinctes du réseau calcaire, qui s'était développé sur toute la face cutanée ou dépourvue de piquants, à l'exception de la région médiane. Ce réseau lui-même était distinct des grands rameaux formés de pièces calcaires qui

(1) Nous avons vu que l'auteur a reconnu qu'il s'était trompé à ce sujet.

restaient encore de la larve. Je dois encore faire remarquer que l'on apercevait les dents, lorsque la face nue de l'animal était en dessus, et qu'on la comprimait dans cette situation ; il en résulte que la face convexe des dents est en dessus, et l'autre en dessous (1).... »

« Dans la phase de développement où mes larves sont actuellement parvenues, je ne suis plus en mesure de les distinguer des véritables Oursins. Elles ressemblent encore par leur coloration aux véritables Oursins pendant leur jeune âge ; en effet, les jeunes Oursins de 3-4 lignes de diamètre, observés à Helgoland, qui possèdent déjà un test complet, et ressemblent, sous tous les rapports, aux vieux Oursins, sont encore complétement couverts de petites taches brunes. »

§ V. Observations faites à Marseille (février et mars 1849), à Trieste (fin d'août 1850), sur une larve de la Méditerranée appartenant à une espèce inconnue, mais qui ressemble beaucoup à la larve précédente, dont elle ne diffère que par des taches de couleur rouge ou rouge-brune et des appendices plus longs.

« Les plus jeunes de ces larves ressemblent complétement à celles de la larve de l'*E. lividus*. Ce sont des pyramides à trois pans, dont la base se prolonge en trois appendices. L'anus est maintenant très grand. L'appendice postérieur est plus large et en forme de voile ; il contient la bouche. Ce prolongement présente quelquefois deux angles à son extrémité ; ces deux angles se prolongent plus tard en deux cônes. La larve forme alors une sorte de dôme qui présente en arrière quatre pans, et se termine à ses angles par quatre cônes. De ces quatre cônes,

(1) Dans son premier Mémoire, M. Müller, par suite de ses observations sur la situation de l'appareil dentaire, avait cru pouvoir conclure que le disque échinodermique, et plus tard la face épineuse de l'animal, correspondent au pôle dorsal de l'Oursin adulte, tandis que la face nue correspondrait au pôle ventral. Les observations de M. Krohn, dont plus tard M. Müller lui-même a constaté l'exactitude, démontrent, au contraire, que c'est la face épineuse qui correspond au pôle ventral de l'Oursin.

deux sont les bras latéraux antérieurs et inférieurs du corps, deux sont les bras de l'appareil buccal; les bras latéraux postérieurs et inférieurs manquent encore, comme dans les larves de l'*E. lividus*, pendant les premiers temps de leur développement, ou dans celles que Derbès et Krohn ont observées.

» En opposition avec les angles antérieurs et inférieurs, on trouve sur les deux faces du corps une tige calcaire qui pénètre jusque dans le sommet de la coupole. Sur la face antérieure du corps, ces deux tiges émettent des prolongements transverses qui se réunissent : de là jusqu'à la voûte les tiges sont simples; de cette même place jusqu'à l'extrémité inférieure des angles antérieurs, les tiges calcaires sont réticulées de la même manière que dans les larves semblables, mais plus âgées, d'Helgoland. A la naissance de la tige transversale, une tige calcaire simple se prolonge de chaque côté en arrière vers le bord du voile; de son arc naît une tige calcaire qui s'élève dans le corps vers la coupole. Au sommet, les tiges antérieures et postérieures sont plus ou moins complétement réunies par des tiges transverses.

» Les larves plus grandes, avec les appendices de la base déjà allongées, possèdent au sommet de la voûte un bras qui monte verticalement en droite ligne, bras soutenu par une tige calcaire réticulée, dont la base envoie dans la coupole deux prolongements arciformes; ce sont ces arcs calcaires qui, plus tard, envoient des branches dans les bras latéraux du sommet, non encore développés et qui appartiennent en propre à cette larve.

» La longueur du bras vertical paraît varier; quelquefois la formation de ce bras paraît être entièrement arrêtée. De telles variations, qui ne sont nullement en rapport avec des différences d'âge, se présentaient égalcment dans les espèces de la mer du Nord et du Sund. Je ne puis y voir des différences spécifiques. Les larves, y compris les quatre appendices du corps, et le cinquième appendice du sommet, avaient 2/5 de ligne.

» Le dernier progrès consiste dans la formation des bras latéraux postérieurs inférieurs, qui, comme chez l'*E. lividus*, n'apparaissent que tard, tandis que l'appareil buccal et le bras latéral du sommet sont déjà formés. Les tiges calcaires de ces bras sont réticulées comme celles des bras antérieurs ; mais l'appareil buccal contient encore deux autres bras dont les tiges calcaires sont simples.

» L'organe de la digestion se comporte, dans les larves les plus jeunes comme dans les plus âgés, exactement comme dans la larve de l'*E. lividus*. Il y a quelques variations en ce qui concerne la réunion des tiges dans le sommet de la coupole. »

§ VI. Larve observée une seule fois à Marseille.

« Elle possède une coupole ronde et surbaissée, et qui présente des appendices nombreux et des épaulettes ciliées comme la larve à épaulettes ciliées d'Helgoland. Elle se distingue de la larve de l'*E. lividus* et des autres autant par le peu de développement de la coupole que par celui des tiges calcaires. Les tiges calcaires des bras sont simples et non réticulées. Je vis cette larve à l'époque de sa transformation en un Échinoderme épineux et garni de tentacules : les tentacules étaient garnis à leur extrémité de cercles calcaires, comme dans les larves d'Helgoland. Sur la coupole étaient des pédicellaires, qui n'étaient point sessiles comme dans les larves d'Helgoland, mais qui étaient portés sur des tiges élargies. Il y avait aussi sur la surface du corps de petites taches de pigment rouge. »

§ VII. Larve observée une seule fois à Trieste, au printemps, caractérisée par sa forme de casque très aplati.

« Elle ressemble à un casque sans cimier, avec son voile antérieur et un voile postérieur, qui se terminent chacun en deux angles. Les tiges calcaires sont simples sans réseau ; les deux grandes tiges calcaires se réunissent dans la coupole ; elles sont épaisses et très ramifiées. L'intestin est comme d'ordinaire. »

EXPLICATION DES FIGURES.

J'ai dû choisir, parmi les nombreuses figures qui accompagnent le Mémoire de M. Müller, celles qui me paraissent les plus propres à éclairer les observations de ce savant : ce sont les figures qui représentent le développement de l'*E. lividus*, car les larves de cette espèce ont été observées en dernier lieu par M. Müller, et elles lui ont montré plusieurs faits qui lui avaient échappé dans ses premières observations. J'y ai ajouté également quelques exemples provenant de l'*E. pulchellus*, exemples dans lesquels on peut voir la formation des cellules et leurs rapports avec les tiges calcaires.

PLANCHE 13.

Fig. 1 (4ᵉ Mém., pl. VI, fig. 1 et 2). — Larve de l'*E. pulchellus* 2 jours après la fécondation artificielle, vue de côté. — *o*, premier orifice (le seul qui existe alors) de l'appareil digestif; *e*, premier état des tiges calcaires; *e'*, origine des cellules dans l'endroit où commence la sécrétion calcaire. Trieste (avril).

Fig. 2. — La même, vue de face.

Fig. 3 (4ᵉ Mém., pl. VI, fig. 4). — Larve de l'*E. pulchellus* 7 jours après la fécondation, vue de côté. — *a*, la bouche; *a'*, le pharynx; *b*, l'estomac; *b*, l'intestin; *o*, l'anus; AA, bras ventraux du voile ou de la marquise; FF, bras de l'appareil buccal ou du voile oval. Trieste (avril).

Fig. 4 (4ᵉ Mém., pl. VI, fig. 5). — Larve de l'*E. pulchellus*, du 16ᵉ jour, vue de côté.

Fig. 5 (4ᵉ Mém., pl. VI, fig. 8). — Larve de l'*E. lividus* 11 jours après la fécondation artificielle, vue de côté à un grossissement de 180 diamètres. — AA, bras de la marquise, bras antérieurs; FF, bras de l'appareil buccal; *a*, bouche; *a'*, pharynx; *b*, estomac; *b'*, intestin; *o*, anus; *x*, ligne qui indique la concavité de la voûte; frange ciliée.

Fig. 6 (4ᵉ Mém., pl. VI, fig. 11). — 17 jours après la fécondation, grossissement de 70 diamètres, longueur de 1/3 de ligne, vue de face. — Mêmes lettres que précédemment. *z*, masses blastémateuses des deux côtés de l'estomac; B, origine des bras latéraux postérieurs; *f*, épaulettes ciliées.

Fig. 7 (4ᵉ Mém., pl. VI, fig. 13). — Larve sporadique de Marseille (mars), grossie 100 fois, vue de face. — Mêmes lettres.

Fig. 8 (4ᵉ Mém., pl. VI, fig. 14). — Larve sporadique de Marseille (mars), grossie 100 fois. — Mêmes lettres. *d*, la frange ciliée; *c*, le disque échinodermique; E, bras accessoires de l'appareil buccal.

Fig. 9 (4ᵉ Mém., pl. VII, fig. 4). — Larve sporadique de Trieste, présentant le disque échinodermique, la vésicule *c'* qui lui fait suite, et le conduit qui fait communiquer la vésicule avec le pôle dorsal.

Fig. 10 (4ᵉ Mém., pl. VII, fig. 9). — Larve se transformant en Échinoderme. *g*, pédicellaires; *y*, tentacules; *x*, ambulacres.

EXPÉRIENCES SUR LA TRANSFORMATION

DES

VERS VÉSICULAIRES OU CYSTICERQUES EN TÆNIAS,

Par M. DE SIEBOLD (1).

J'ai avancé le premier, en 1844, dans mon *Manuel de physiologie*, vol. II, que le Ver vésiculaire (*Cysticercus fasciolaris*), qui vit en parasite dans le foie des Rats et des Souris, n'était autre chose qu'un Tænia égaré devenu vésiculeux, et en particulier celui du Chat, le *Tænia crassicollis*. J'ai affirmé, en outre, que le *Cysticercus fasciolaris*, de même que tous les Acéphalocystes, n'avait jamais d'organes sexuels, et ne pouvait ainsi se propager sexuellement, s'il ne trouvait un corps convenable où il abandonnait sa forme ou son état vésiculeux, et où il pouvait se développer sexuellement. Ces transformations ont eu lieu, en effet, aussitôt que le foie d'une Souris ou d'un Rat que dans des expériences faites à l'Institut de l'Université de Breslau on avait reconnu contenir un *Cysticercus fasciolaris*, a été dévoré par un Chat. Dans l'estomac de ce Chat, le foie de ces animaux rongeurs a été digéré, mais non pas le Ver vésiculaire qu'il renfermait caché; ce parasite a perdu sa vésicule caudale remplie d'un liquide, et s'est alors montré sans queue dans le chyme de l'estomac et des intestins grêles du Chat, où, trouvant un lieu convenable, il s'est développé sous forme articulaire et de Tænia (*Tænia crassicollis*) avec organes sexuels adultes. L'accord parfait de la tête du *Cysticercus fasciolaris* avec l'extrémité céphalique du *Tænia crassicollis*, ainsi que les différentes phases du développement de celui-ci, qu'on remarque souvent les unes à côté

(1) Communiquées à la Société nationale silésienne de Breslau, le 7 juillet 1852, et insérées dans l'*Institut*, n° 974.

des autres dans les intestins des Chats, a conduit à la conclusion précédente qui a reçu l'approbation de plusieurs naturalistes, mais dont l'exactitude est cependant encore mise en doute par d'autres.

L'an dernier, M. le docteur Küchenmeister, de Zittau, s'est servi du *Cysticercus pisiformis*, qu'on rencontre fréquemment dans les kystes des tuniques intestinales du Lièvre et des Lapins, pour des expériences, en faisant dévorer ces kystes à des Chiens et à des Chats, dans l'espoir qu'au bout de quelque temps ces kystes se développeraient dans les intestins de ces animaux sous la forme de Tænias. Cette expérience a complétement réussi sur les Chiens, et l'on a vu se confirmer ainsi ce que je n'avais pu établir que par la comparaison du *Cysticercus fasciolaris* des Rats et des Souris, et le *Tænia crassicollis* des Chats; mais l'expérience de M. Küchenmeister, ainsi que les conséquences qu'on en pouvait tirer, n'ont satisfait ni les médecins ni les naturalistes. On lui a reproché d'avoir publié ses expériences avant qu'on pût les considérer à proprement parler comme terminées. La discussion qui s'est élevée de toutes parts sur ce sujet n'était pas propre à éclairer la question, d'autant mieux que M. Küchenmeister ne semblait pas assez bon helminthologiste pour pouvoir affirmer l'identité des espèces qu'il indiquait. C'est ce qui m'a déterminé à reprendre ce sujet en me servant surtout de jeunes Chiens, et leur faisant avaler non seulement le *Cysticercus pisiformis*, mais aussi les *C. cellulosus*, *C. tenuicollis*, *Cœnurus cerebralis* et *Echinococcus veterinorum*, travail dans lequel j'ai été secondé avec zèle par M. Lewald mon élève. Voici les résultats qui ont été obtenus en faisant avaler des *Cysticercus pisiformis :*

Après que ces Vers vésiculaires, qui avaient au plus la grosseur d'un pois, et étaient encore contenus dans le kyste de la membrane des intestins, eurent été ingérés dans du lait au nombre de trente à soixante individus dans l'estomac de jeunes Chiens, on a examiné avec soin, après divers intervalles de temps, le contenu de l'estomac et du canal intestinal de ces Chiens qu'on faisait périr avec le chloroforme, et l'on y a remarqué facilement les Vers vésiculaires avalés comme aliment dans différents états de développement. Deux heures après l'ingestion, tous les Vers vésiculaires se trouvaient encore dans l'estomac, mais chez la plupart les kystes dont ils s'étaient dépouillés avaient disparu, et étaient digérés; de même, la plupart des Vers vésiculaires qui avaient été débarrassés de leur kyste avaient perdu leur vésicule terminale, qui avait été digérée ou qui adhérait encore en lambeaux plus ou moins étendus à l'extrémité abdominale. Tous les Vers vésiculaires trouvés dans l'estomac avec ou sans leur vésicule terminale ont présenté la tête et le cou retirés dans le corps. Trois heures après l'ingestion, il n'y avait plus de Vers vésiculaires dans l'estomac, tous étaient passés avec le chyme de cet organe dans l'intestin grêle. Là, après avoir perdu leur kyste et leur vésicule par leur séjour dans l'estomac, où ils n'avaient pu résister à l'action de la digestion, tous sans exception, comme par un sentiment de bien-être, avaient fait sortir la tête et le cou, et allongé leur corps auparavant contracté. Chez tous, on apercevait à l'extrémité abdominale, dans le point où avait existé la vésicule, une lésion manifeste. Dans les Chiens tués plusieurs jours après l'ingestion de ces Cysticerques et qu'on examina, on trouva les Vers vésiculaires notablement augmentés de volume, les plus grands avaient atteint une longueur de 3 pouces, et les plus petits de 1 pouce. Le corps, d'abord ridé seulement en travers, laissait déjà nettement apercevoir des articles, et, sur la portion abdominale postérieure encore ridée, le point lésé par la perte de la vésicule présentait actuellement une cicatrice. Après vingt ou vingt-cinq jours, les Vers avaient plusieurs pouces de longueur; ils étaient articulés jusqu'à l'extrémité de l'abdomen, et le dernier de ces articles portait la cicatrice indiquée, encore très reconnaissable, et même on découvrait déjà des traces des organes sexuels dans les articles postérieurs. Au bout de huit semaines, les Cysticerques alimentés dans le canal intestinal d'un Chien avaient atteint une grande longueur (le plus long avait de 36 à 39 pouces). Leurs articles postérieurs étaient complétement développés sous le rapport sexuel, et renfermaient un grand nombre d'œufs à l'état de maturité. Quelques individus, longs de plusieurs mètres, s'étaient déjà séparés de leurs derniers articles parfaitement mûrs sous le rapport sexuel. Dans ce *Cysticercus pisiformis* ainsi allongé, j'ai reconnu le *Tœnia serrata* du Chien. Extrémité de la tête, forme des articles, nature des organes de propagation, et surtout des œufs à maturité de ce Ver vésiculaire arrondi, s'accordaient parfaitement avec les mêmes parties du *Tœnia serrata.* Il n'y avait donc plus de doute que le *Cysticercus pisiformis* du Lièvre et du Lapin est au *Tœnia serrata* du Chien ce que le *Cysticercus fasciolaris* des Rats et des Souris est au *Tœnia crassicollis* du Chat. Du reste, le *Tœnia serrata* se trouve rarement chez les Chiens de garde et d'appartement, mais il est plus commun chez le Chien de chasse; ce qui s'explique aisément par cette circonstance, que ce dernier a souvent l'occasion d'avaler les intestins des Lièvres ou des Lapins pris à la chasse, et par conséquent d'ingérer le *Tœnia serrata* plus fréquemment que les autres Chiens.

Quoique les expériences avec les autres Vers vésiculaires indiqués ci-dessus ne soient pas encore terminées, je suis cependant assez avancé dans celles relatives au *Cœnurus cerebralis,* pour être convaincu que le *Ver du tournis, si redouté des éleveurs de bêtes à laine, se transforme en un Tœnia dans les intestins du Chien.* Jusqu'à présent, les Tœnias produits ainsi par le Ver du tournis ne sont pas encore dans mes expériences arrivés à l'état adulte ou de maturité des organes sexuels, et par conséquent on n'a pu constater leur espèce ; mais j'espère prochainement pouvoir être en mesure de faire cette détermination. J'espère aussi pouvoir indiquer aux propriétaires et aux éleveurs de Moutons le moyen de s'opposer au développement de ce parasite dans le cerveau des Moutons, car je suis convaincu que ce n'est pas par une génération sur place, mais par une ponte microscopique du Tœnia de certains Carnassiers que se produisent les Vers vésiculaires, et quand ces œufs, par hasard, s'introduisent dans le corps des Rongeurs ou des Ruminants, ils ne s'y développent pas en Tœnias allongés, mais en Vers vésiculaires, ce qui, suivant l'importance de l'organe où ils fixent leur séjour, exerce une influence plus ou moins funeste sur la vie des animaux dans lesquels ils vivent.

Les expériences commencées sur l'*Echinococcus veterinorum* sont assez avancées pour qu'on puisse déclarer que ce Ver vésiculaire se rattache aussi à un Tænia. Les couvées de ce Ver destructeur données par cuillerées à de jeunes Chiens ont montré au bout de quelques jours des milliers de Tænias excessivement déliés, qui adhéraient déjà à la membrane muqueuse de l'intestin grêle par leur quatre suçoirs et leur couronne de crochets. Tous ces Tænias ne possèdent encore que trois divisions sur le corps, une pour la tête et le cou, derrière un petit article, et enfin un long article. Dans ces deux articles, les organes sexuels avaient commencé à se développer, mais ce développement n'est pas encore assez avancé pour qu'on puisse être certain que les petits Tænias sont adultes, et en déterminer l'espèce. Je continue l'expérience, et j'espère sous peu de temps pouvoir en publier le résultat.

FIN DU DIX-SEPTIÈME VOLUME.

TABLE DES MATIÈRES

CONTENUES DANS CE VOLUME.

ANIMAUX VERTÉBRÉS.

ANIMAUX ANNELÉS.

MOLLUSQUES.

ZOOPHYTES.

MÉLANGES.

TABLE DES MATIÈRES PAR NOMS D'AUTEURS.

TABLE DES PLANCHES

RELATIVES AUX MÉMOIRES CONTENUS DANS CE VOLUME.

FIN DE LA TABLE.

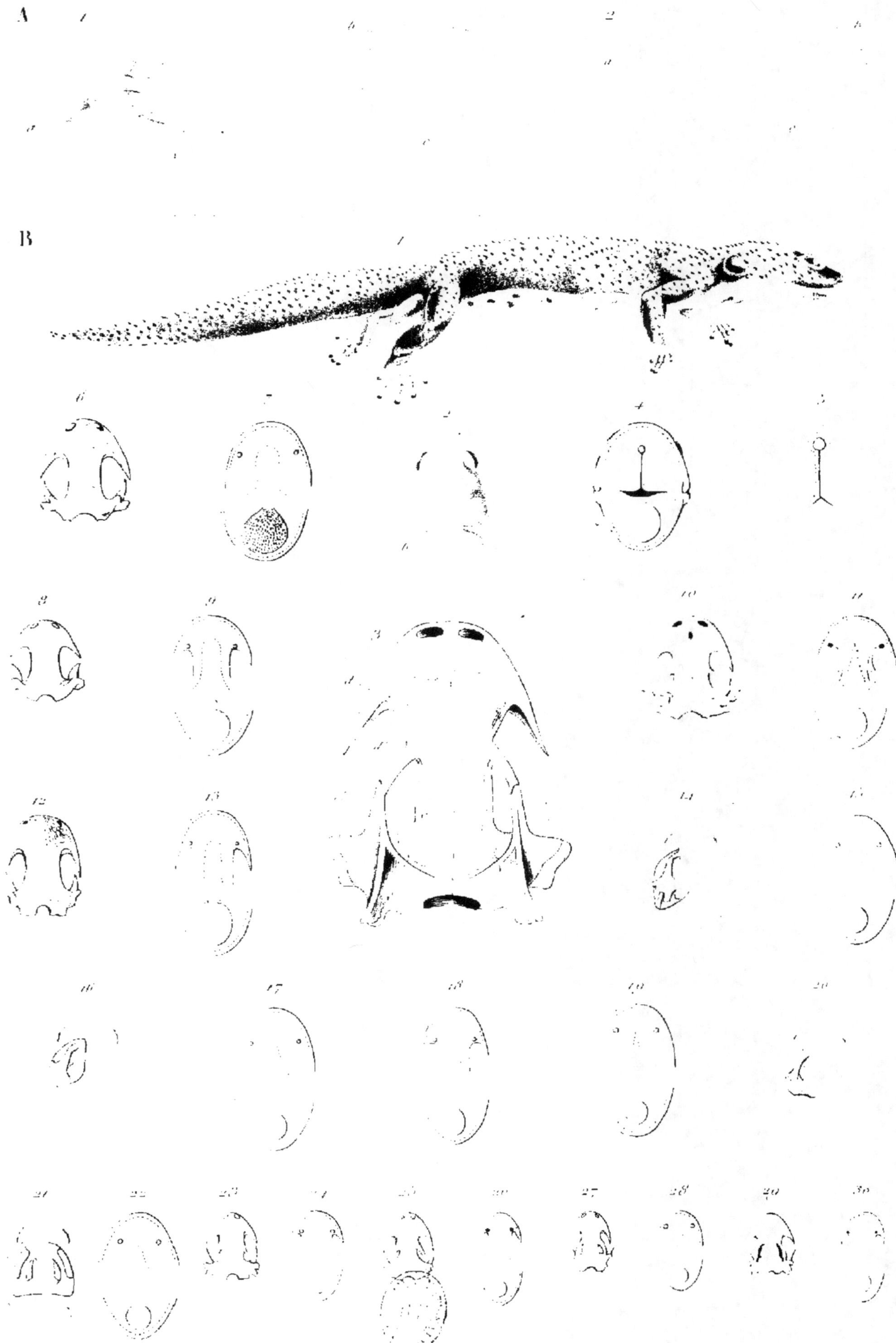

A. Fig. 1-2. Appareil auditif des Firoles. B. Fig. 1-30. Urodèles de la France.

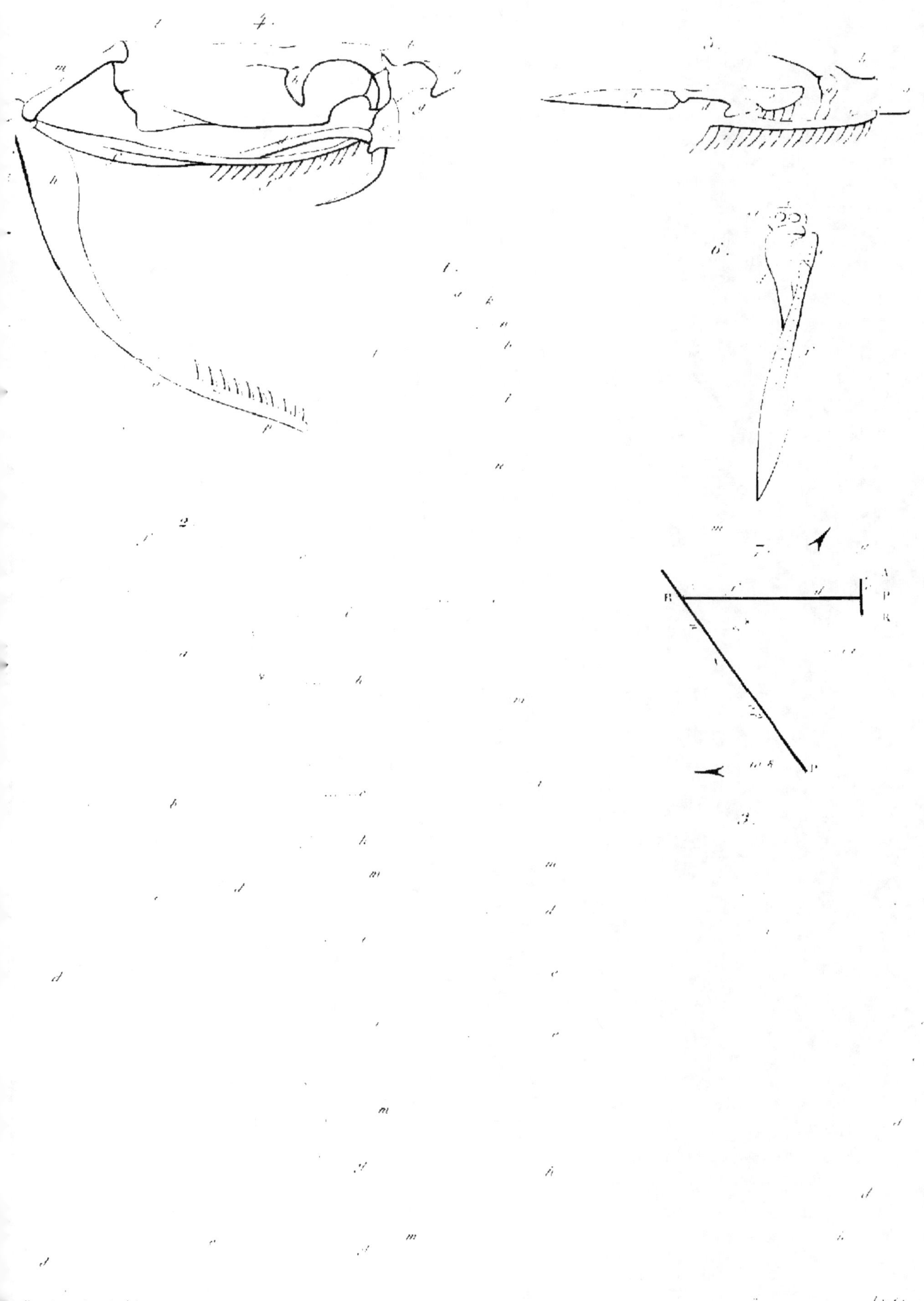

Fig. 1-3. *Distomum tereticolle.* Fig. 4-7. *Appareil venimeux des Serpents.*

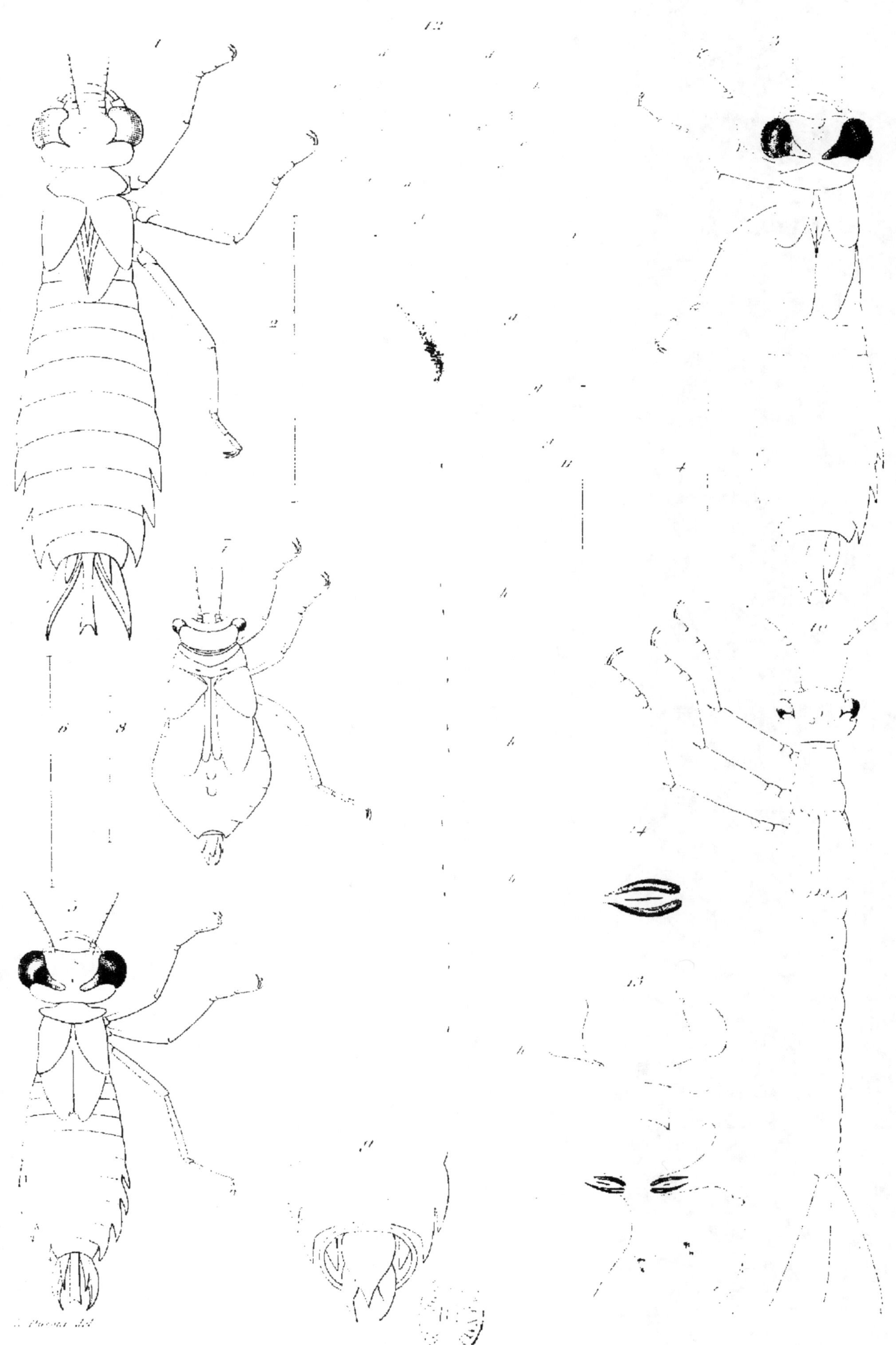

Anatomie des larves de Libellules.

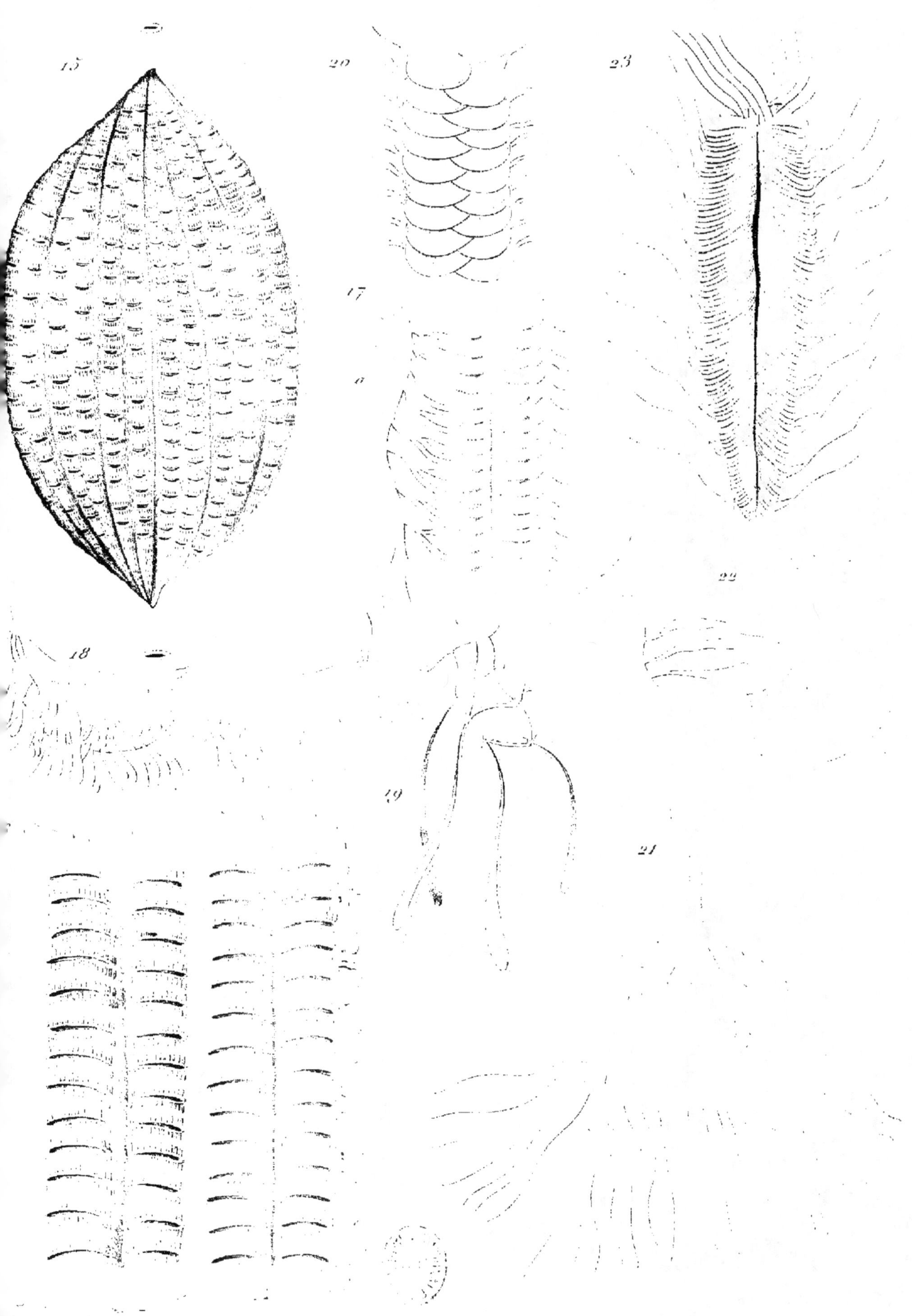

L. Dufour del. Vista sc.

Anatomie des larves de Libellules.

L. Dufour del.

Vieta sc.

Anatomie des larves de Libellules.

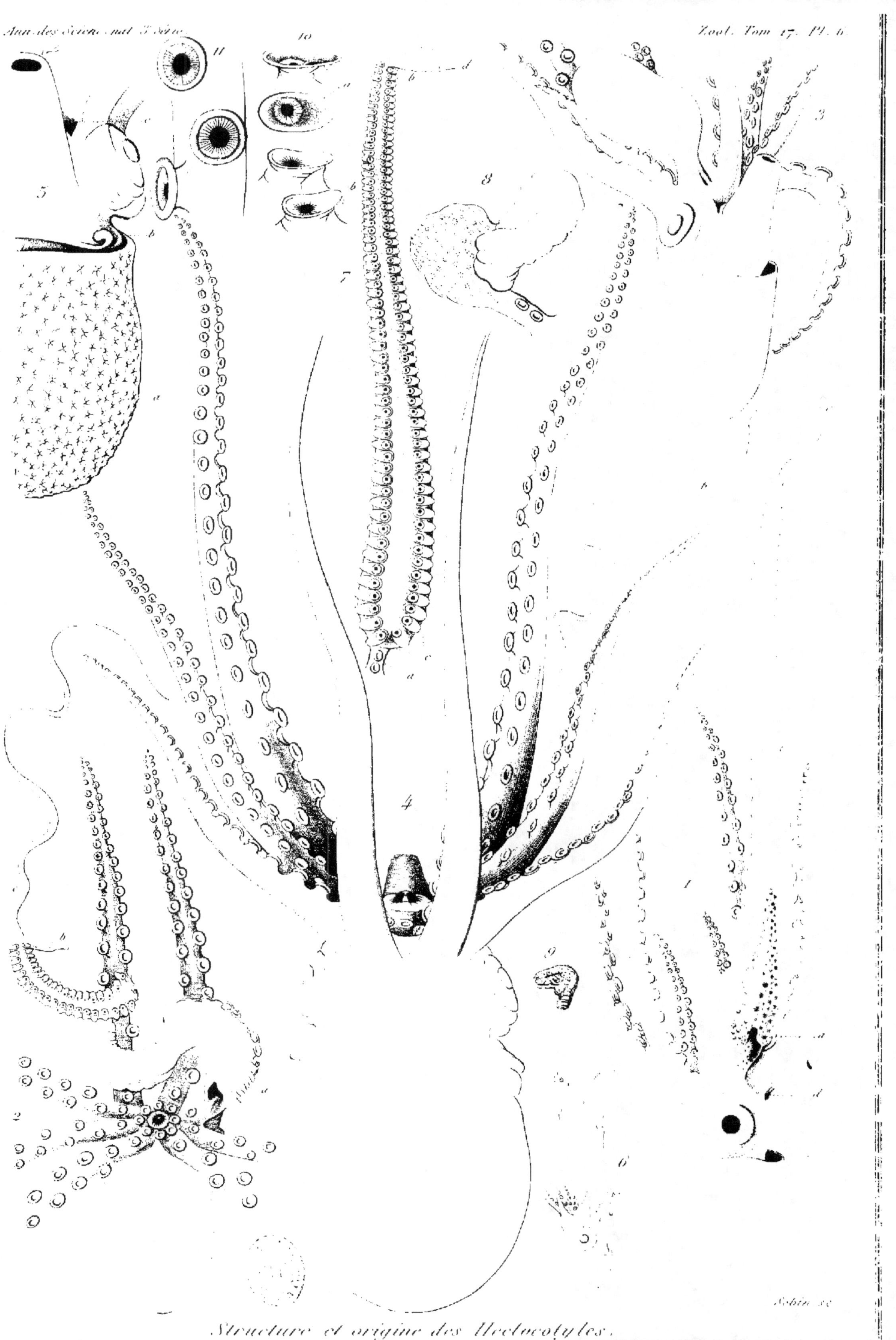

Structure et origine des Hectocotyles.

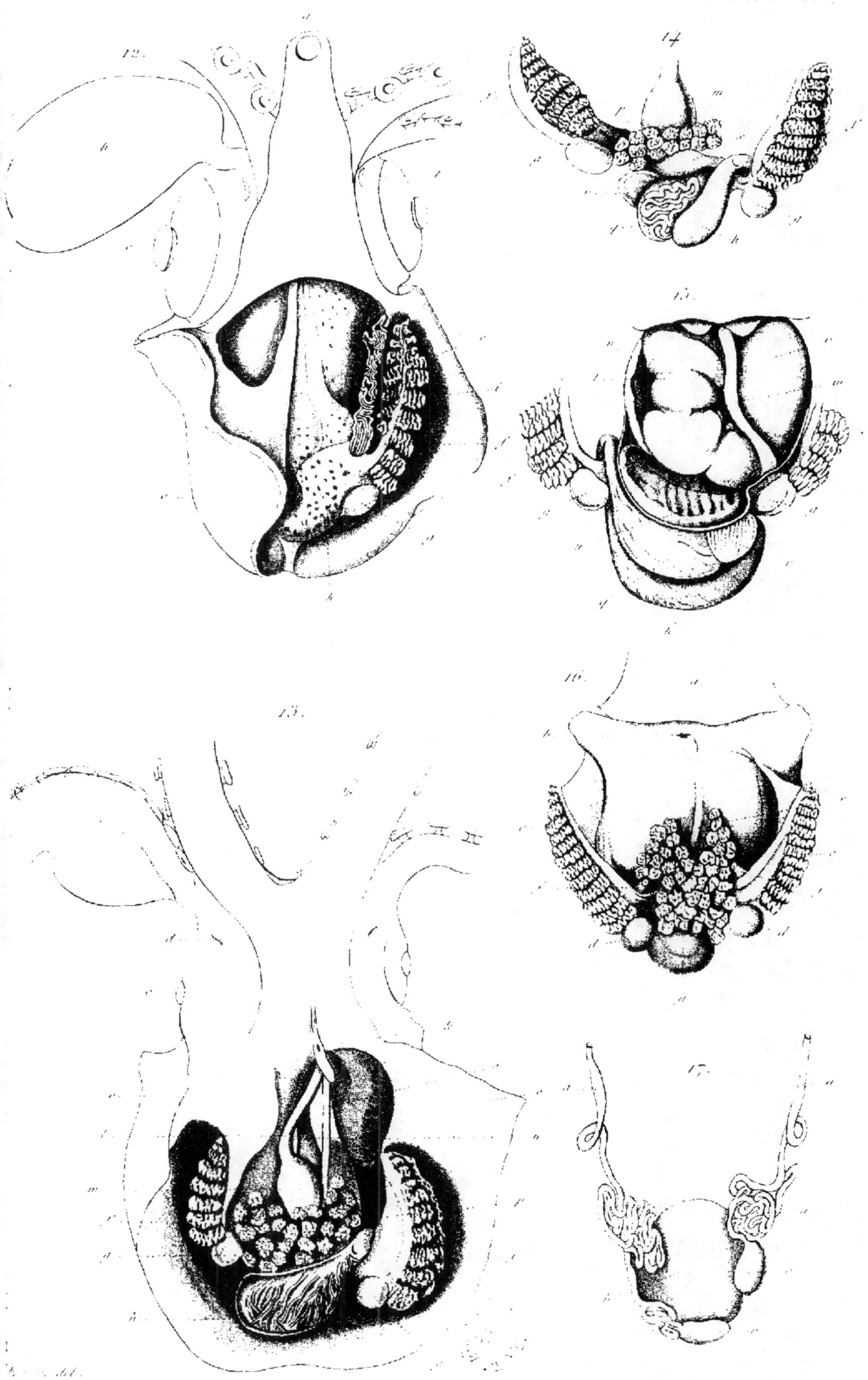

Structure et origine des Hectocotyles.

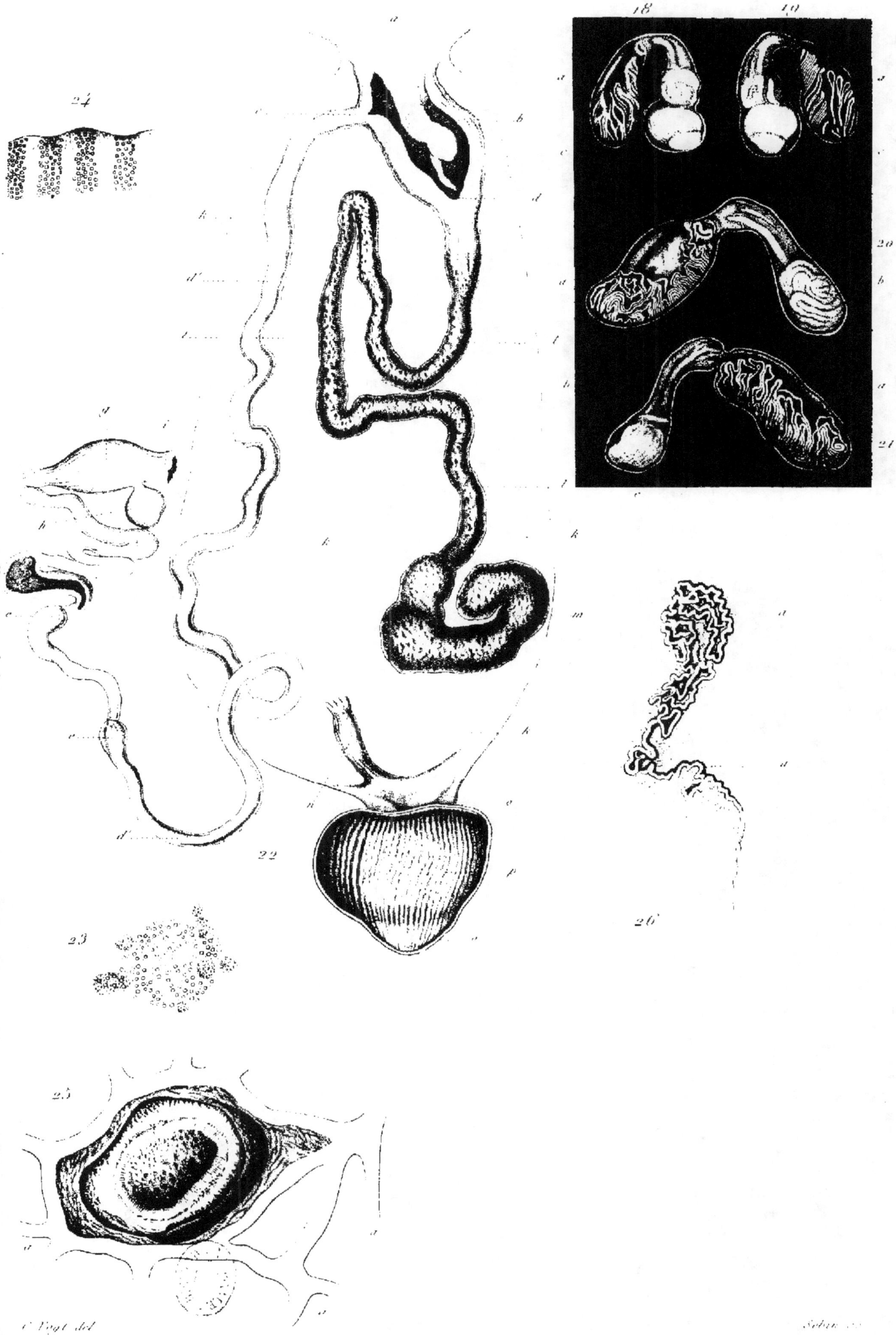

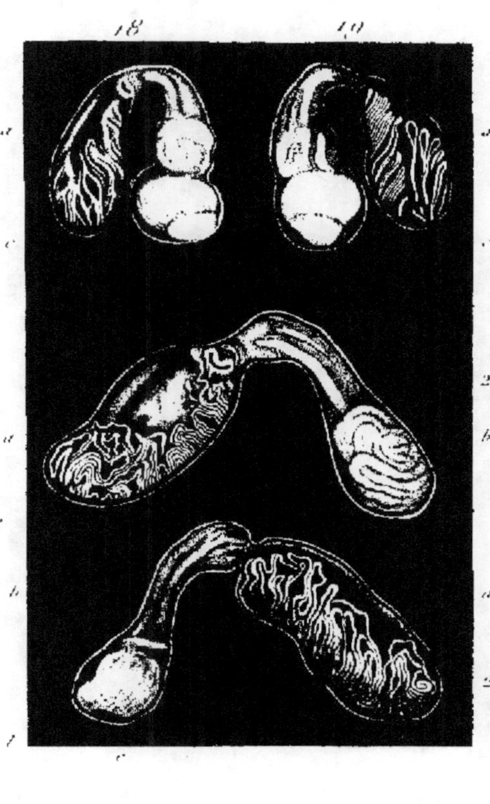

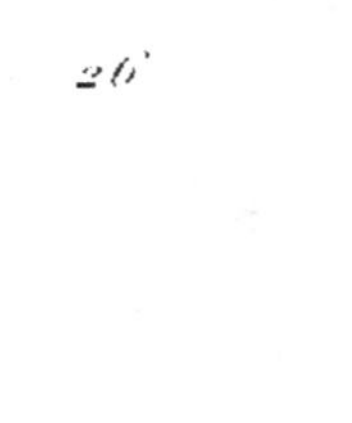

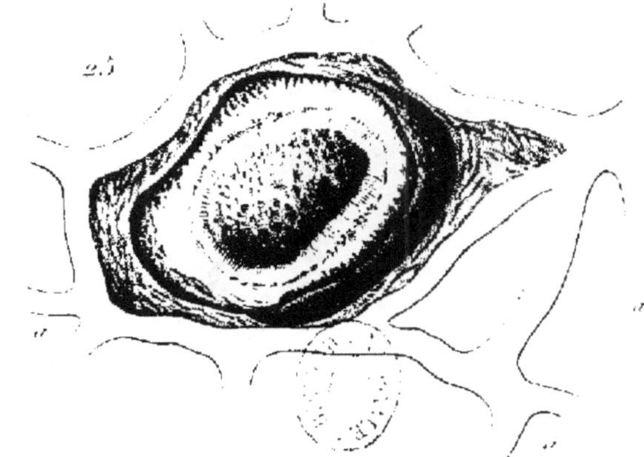

C. Vogt del. Sebin sc.

Structure et origine des Hectocotyles.

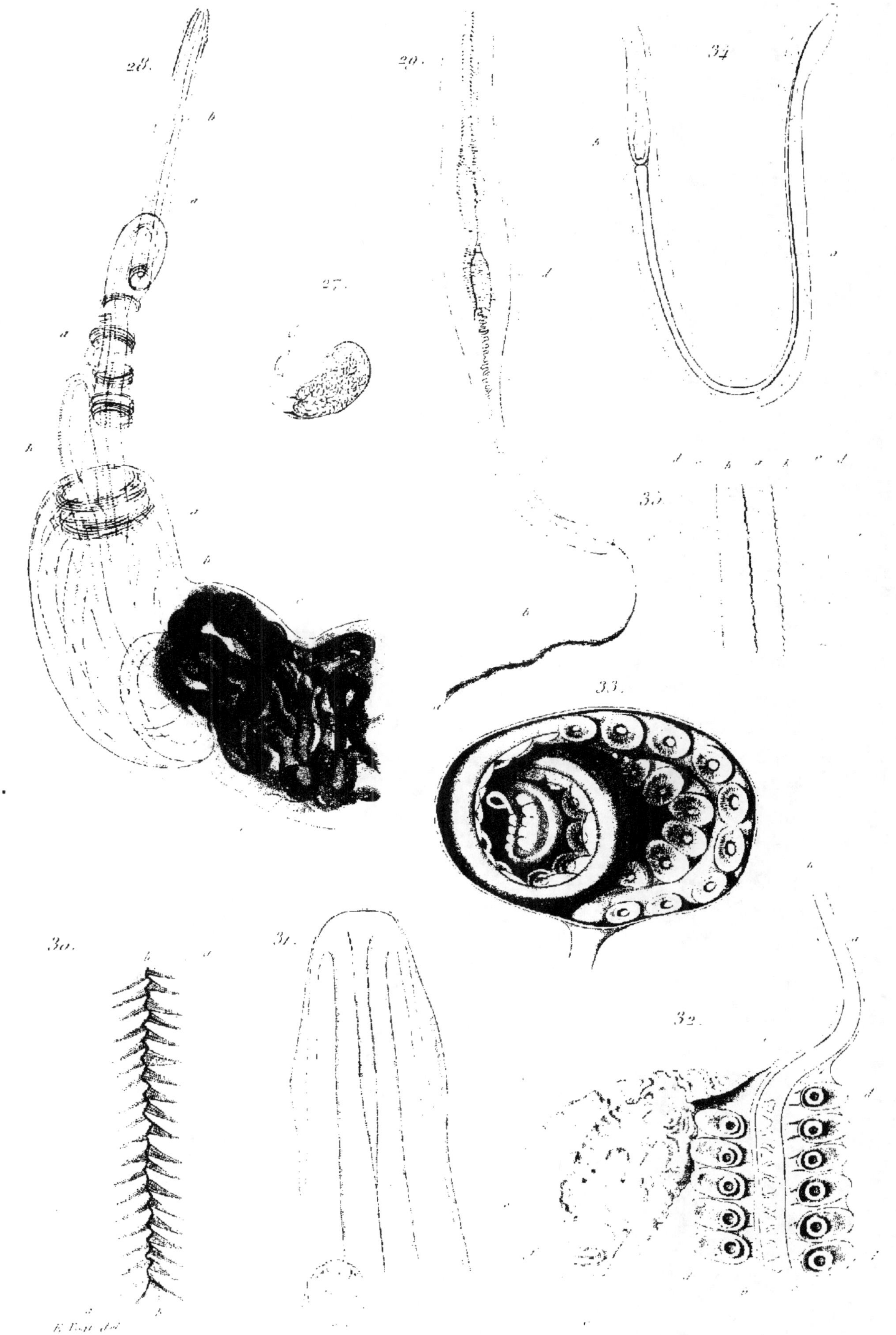

28. 29. 27. 34. 35. 33. 30. 31. 32.

E. Vogt del.

Structure et origine des Hectocotyles.

H. L. D. ad nat. del.

Armure génitale des Orthoptères.

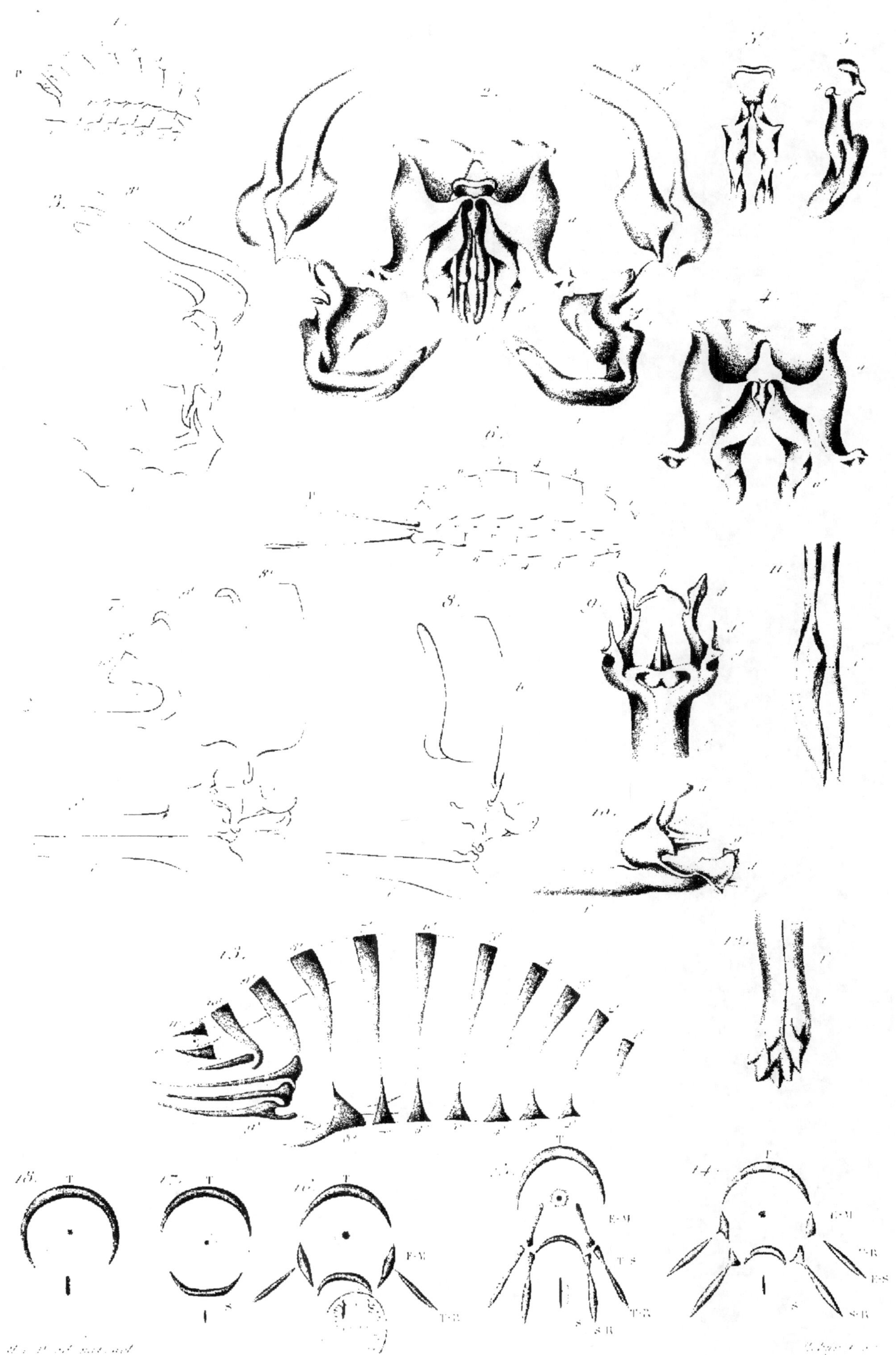

Armure génitale des Orthoptères.

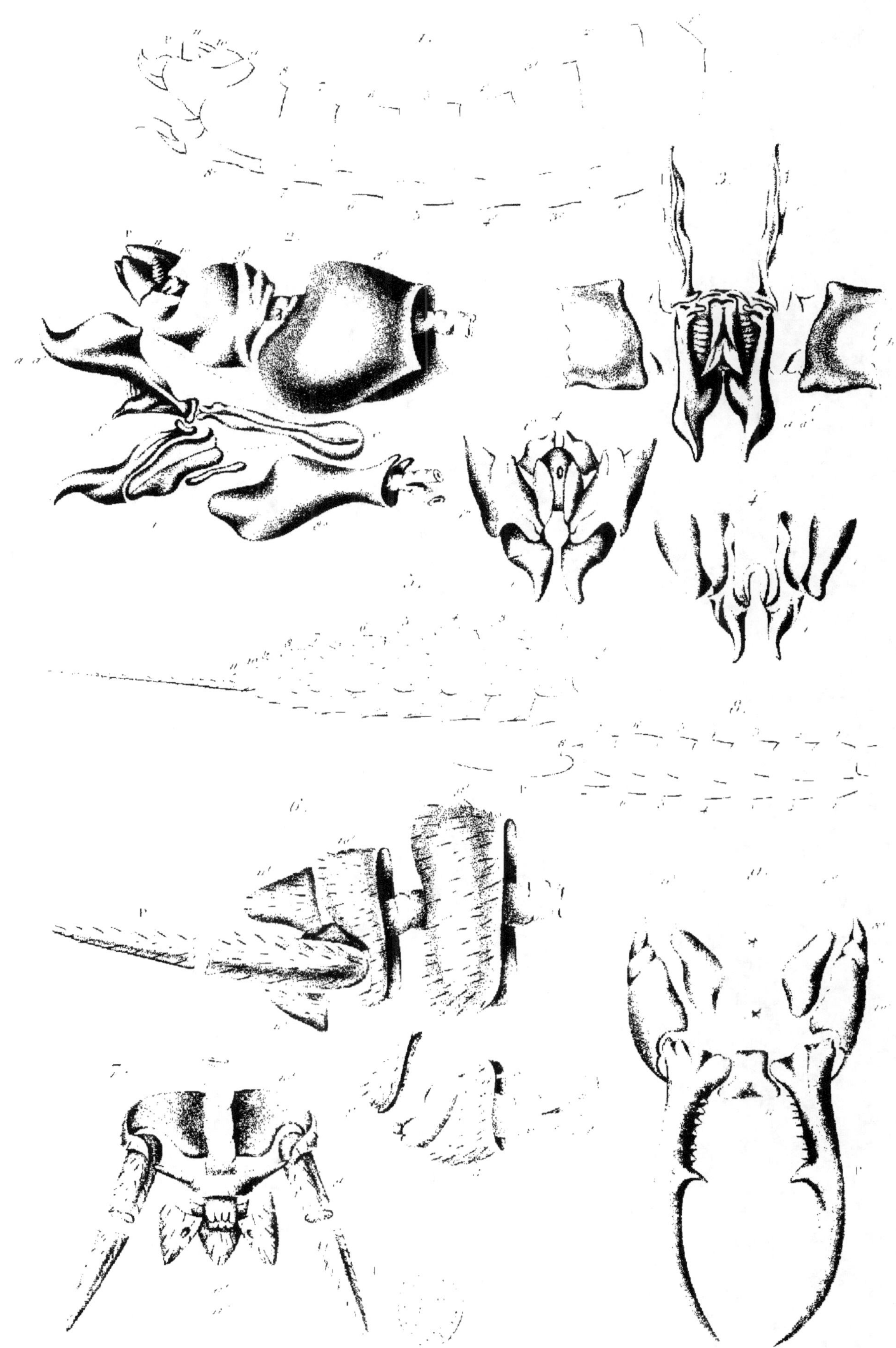

R. L. D. ad nat. del.

Armure génitale des Orthoptères.

Développement des Oursins.

www.ingramcontent.com/pod-product-compliance
Lightning Source LLC
LaVergne TN
LVHW082353160826
845678LV00008B/1829

* 9 7 8 2 3 2 9 7 6 3 0 2 6 *